HANDBOOK OF LEMON

育てて楽しむ

レモン

栽培・利用加工

JA広島ゆたか 編

大坪 孝之《Otsubo Takayuki》 監修

収穫期の果実（ユーレカ）

レモン栽培へのいざない～序に代えて～

近年の食品の安全・安心の観点から、輸入レモンに対して国産レモンの安全性が認識され、果肉、果汁はもとより果皮まで丸ごと利用できる果実として評価が高まっています。また、レモンの豊富なビタミンC、酸味の主成分であるクエン酸などが抗酸化作用、疲労回復などに効果的で健康機能性を高めるものとして期待されています。

わが国にはユズやスダチ、カボスなどの香酸柑橘類もあり、内容的にはレモンに近い評価もできますが、利用期間、生産性、栽培の難易度、用途の広さ、万人向きの香りなどいずれをとってもレモンを超える香酸柑橘はないといっても過言ではありません。

栽培面では適切に管理すれば生産性が高く、耐寒性やかいよう病の問題は残されていますが、生育が旺盛で育てやすく、収穫期間が長いことが経済栽培では労力の分散になり、庭先栽培では利用期間の長いことが魅力です。庭先にレモン樹が一本でもあれば育てる楽しみ、生かす喜びがもたらされ、重宝すること請け合いです。

そこで本書ではレモンの価値と魅力を解説し、その素顔、特性、品種、栽培法、利用加工のヒントはもちろん、主産地の取り組みの一端まで紹介します。レモンの生理、生態などを知り、庭先や園地などでの生育を日々観察しながら上手に育て、香酸柑橘としてのレモンを存分に楽しみ、有効に生かしていただければ幸いです。

２０１８年　レモンの夏花が咲くころに

監修　大坪 孝之

● MEMO ●

◆本書の栽培は東日本、西日本の温暖地を基準にしています。生育は品種、地域、気候、栽培管理法によって違ってきます。

◆年号は西暦を基本としますが、一部で和暦を併用しています。

◆果樹園芸の専門用語、英字略語については、初出用語下の（ ）内などで解説しています。

◆本書はJA広島ゆたかの編纂により16名の執筆陣を編成し、大坪孝之氏が監修を担っています。各項目文末に執筆者名を記しています（103頁に執筆者のプロフィール一覧を掲載）。

グリーンレモン

有葉花（蕾）

店頭の果実

幼果の生育

〈育てて楽しむ〉レモン～栽培・利用加工～◎もくじ

開花

トゲ

幼果

収穫果

イエローレモン

収穫果

売り場の果実

果肉

第1章

レモンの魅力と生態・種類

香酸柑橘の代表格レモン

果樹としてのレモンの魅力

香酸柑橘の代表

柑橘類とは、ミカンの仲間のことを指し、ミカン科のミカン属・キンカン属・カラタチ属に属する植物の総称です。そのなかでも、酸味が強く生食には適さないけれど、その豊かな香りや酸味を薬味や風味づけのために用いる柑橘類を香酸柑橘といいます。

日本では昔からカボスやスダチ、ユズといった香酸柑橘が親しまれており、近年では沖縄原産のシークワーサーや南国味あふれるライムなども知られてきていますが、もっともポピュラーな香酸柑橘といえば、やはりレモンでしょう。

いろいろな用途があり、利用価値が高いレモンは、香酸柑橘の代表ということができます。

イエローレモン

グリーンレモン

健康機能性が高い果実

全食品中で屈指のクエン酸含有量

レモンの味としてだれもがイメージするのは、その酸っぱさでしょう。レモンの酸っぱさ＝酸味を感じさせる主な成分は、クエン酸です。レモンは、全食品のなかでも飛び抜けて多くクエン酸を含んでいます。

クエン酸の効能としては、疲労回復効果、美肌効果、血流の改善、抗酸化作用、またカルシウムや鉄分などのミネラルを体に吸収しやすいかたちにして吸収を高めるキレート作用などが知られています。

果実断面（果汁がしたたる）

柑橘類一のビタミンC含有量

レモンは、柑橘類のなかでもっとも多くのビタミンCを含んでいます。

ビタミンCの効能として、一般にコ

ラーゲンの生成を助けることによる美肌効果や骨を強化する効果、抗酸化作用による免疫力の強化などが知られています。

生活習慣病を防ぐために

レモンの果汁や果皮には、ポリフェノールの一種であるエリオシトリンやヘスペリジンが豊富に含まれています。これらには抗酸化機能があることが知られており、血管を丈夫にすることによって高血圧や動脈硬化などの生活習慣病の予防に効果があります。

また、とくにエリオシトリンは、血液中の中性脂肪の増加を抑える効果があり、ダイエットや肥満防止効果も期待できます。

店頭の緑黄レモン

香りにはリラックス効果も

柑橘類の皮のさわやかな香りの主成分となっているのがリモネンで、レモンが語源となっています。リモネンの効用としては、食欲増進効果に加えて、リラックス効果や免疫力を高める効果が知られています。

また、メタボリックシンドロームの原因の一つとして、不規則な生活による体内時計の調節不全が知られていますが、リモネンとレモン果汁をとることによって体内時計をリセット・同調することができるという研究成果が出ています。すっきりとした一日を迎えるためには、朝のレモンが最適なのです。

果肉をスライス状に

レモン栽培の醍醐味

病虫害に強く育てやすい

レモンは、耐寒性が弱い柑橘類ですが、それでも品種を選べば最低気温マイナス3℃くらいまでは耐えることができるため、関東以西の温暖地では庭植えが可能です。

それ以外の地域でも施設栽培にしたり、鉢植えにして冬季に室内に取り込むといった管理をすれば、じゅうぶんに育てることができます。

また、柑橘類は、比較的ほかの果樹よりも病害虫に強いため、わりあいに農薬を使用しなくてもよいほうの部類に入り、一般の方でも育てやすい果樹です。

日本で出回っているレモンの多くは、アメリカやチリなどからの輸入品ですが、それらのほとんどが、大量生産のため栽培時に農薬が使用され、輸送時に品質を損なわないよう収穫後に防腐剤が散布されています。そして農薬や防腐剤は、果肉よりも皮に多く残留します。

せっかくのレモンの多様な効能を余すことなく堪能するには、安心・安全なレモンを皮も実も、丸ごと使いたいもの。そうした要望から、近年は無農薬・低農薬の国産レモンの需要が増えてきており、家庭でレモン栽培を楽しむ方も多くなっています。

レモンは育てやすい果樹

花にも香気成分がある

生産性が高く長期間収穫できる

レモンは自身の花粉で受粉して実をつける自家結実性があるため受粉樹は不要で、1本だけでも実をつけてくれます。

また、ほかの柑橘類とは異なり、開花期が定まらない四季咲き性（周年開花性）があり、生産性が高く、長期間収穫を楽しむことができます。一般的には5月、7月、9～11月の年3回開花し、7月までに開花したものは年内に収穫できるまでに育ちます。

花や葉も楽しめる

レモンは、年間をとおしてつやのある葉を茂らせる低木の常緑広葉樹であり、冬場でも青々とした葉を楽しめます。またレモンは四季咲き性のため、薄紅色、紫紅色（品種などによって多少の濃淡がある）の愛らしい花を年じゅう楽しむことができます。

レモンは、実だけでなく花や葉にもリモネンなどレモン独特の香気成分があります。レモンを栽培しているだけで、その豊かな香りをいつでも楽しめます。

（大坪孝之）

レモンの果実の形状と構造

果実の形状と果色

レモンの果実の形状は、多くは長球形から倒卵形ですが、なかには丸みを帯びたものもあります。果実の頂部には乳頭があり、品種によってはその周囲を凹環がとりまいています。一方の果柄部は丸いものも、ネックを生ずるものもあります。

品種間はもちろん、同じ品種で一本の樹のなかでも、形はかなり違います。ほかの果樹同様、果実の形状は、発育期の気温が関係しているようです。台湾など亜熱帯産のレモンはやや丸形になるようですが、国産レモンはやや長形です。

果色は、多くのレモンは鮮黄色でレモンイエローとも呼ばれますが、オレンジの遺伝子が入っているマイヤーや菊池レモンなどは、濃黄色からややオレンジ色になります。

長球形

果頂に乳頭があり、凹環が取りまく

果柄にネックを生ずるもの（左）もある

果皮の状態（左の璃の香は滑らか）

果実の構造と名称

レモンの果実は、花の子房が発達したもので真果《しんか》（果皮とそれに包まれる種子からなる。偽果《ぎか》に対することば）

果実の縦断面

図１－１　果実の構造

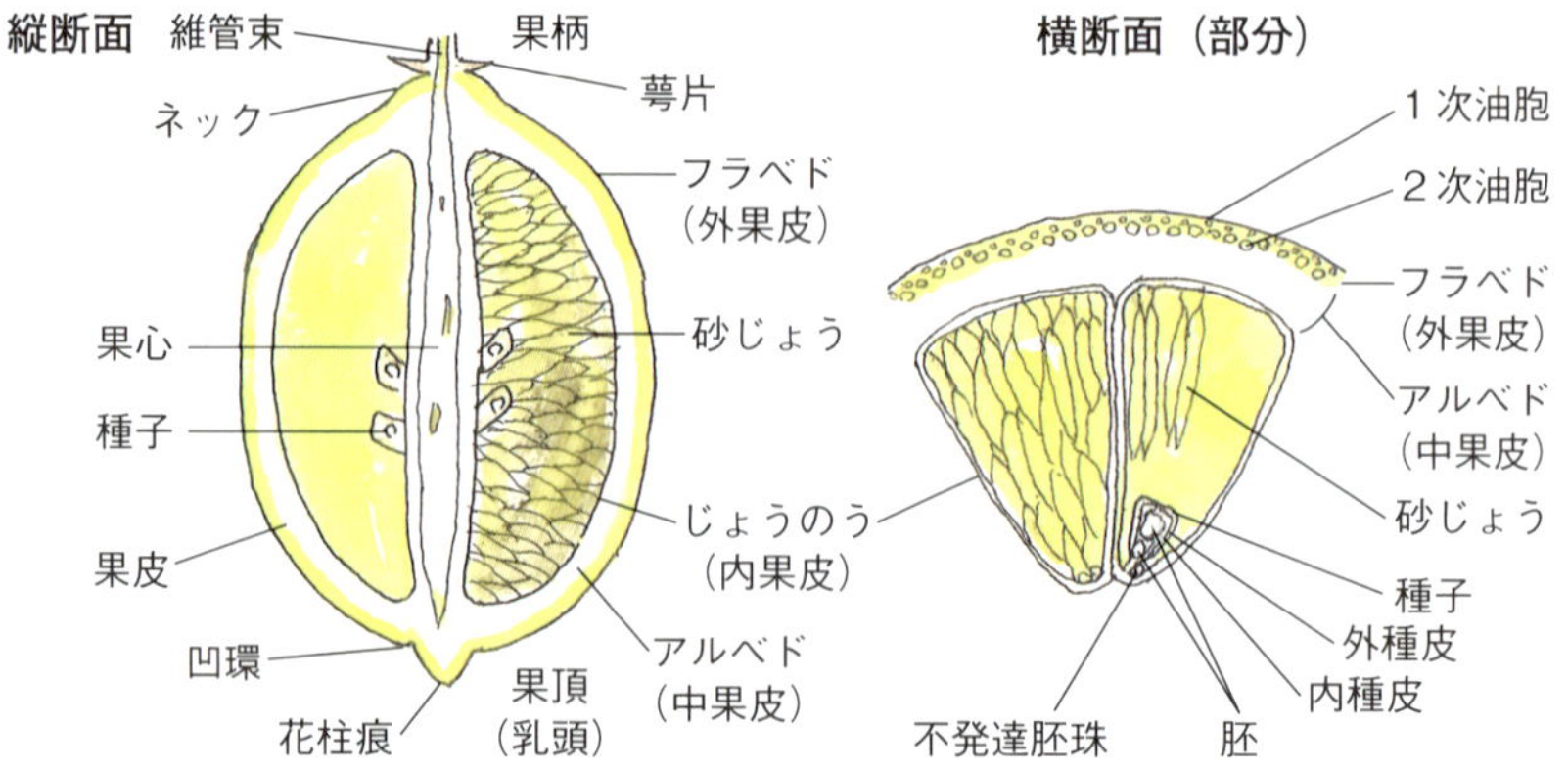

です。

柑橘類の果実は共通の形状を持っており、果実の外側を外果皮（フラベド）、その内側の白い部分を中果皮（アルベド）、房のこぶくろ（じょうのう）の壁を内果皮、果肉にあたるジュースを含むつぶつぶの部分は砂じょうと呼びます（図１－１）。

果実の大きさと成熟度

レモンは、成熟するにつれて果皮が黄色く着色し、糖も増えますが、レモンは酸味のある果汁を利用するものであり、「青いからこそ国産レモン」という評価もあります。

果肉の色はイエローですが、同じ香酸柑橘のライムは緑黄です。

産地では、果実の横径を計測して55㎜以上のものを収穫しています。この基準を満たして果実が収穫できるのは、5月下旬に開花した花で9月中下旬以降になります。じゅうぶんに摘果しないと、早期に収穫できる果実は少なくなります。

ライム（左）とレモンの横断面

胚珠が発達して種子に

多くの品種で10個前後

種子は、胚珠《はいしゅ》（中心に胚のう、その外側に珠心《しゅしん》、珠皮などがある）が受精し、発育したものです。レモンは、多くの品種で10個前後の種子がありますが、種子が少ないもの、なかには種子のない果実もあります。

果実の切断面

レモンの種子

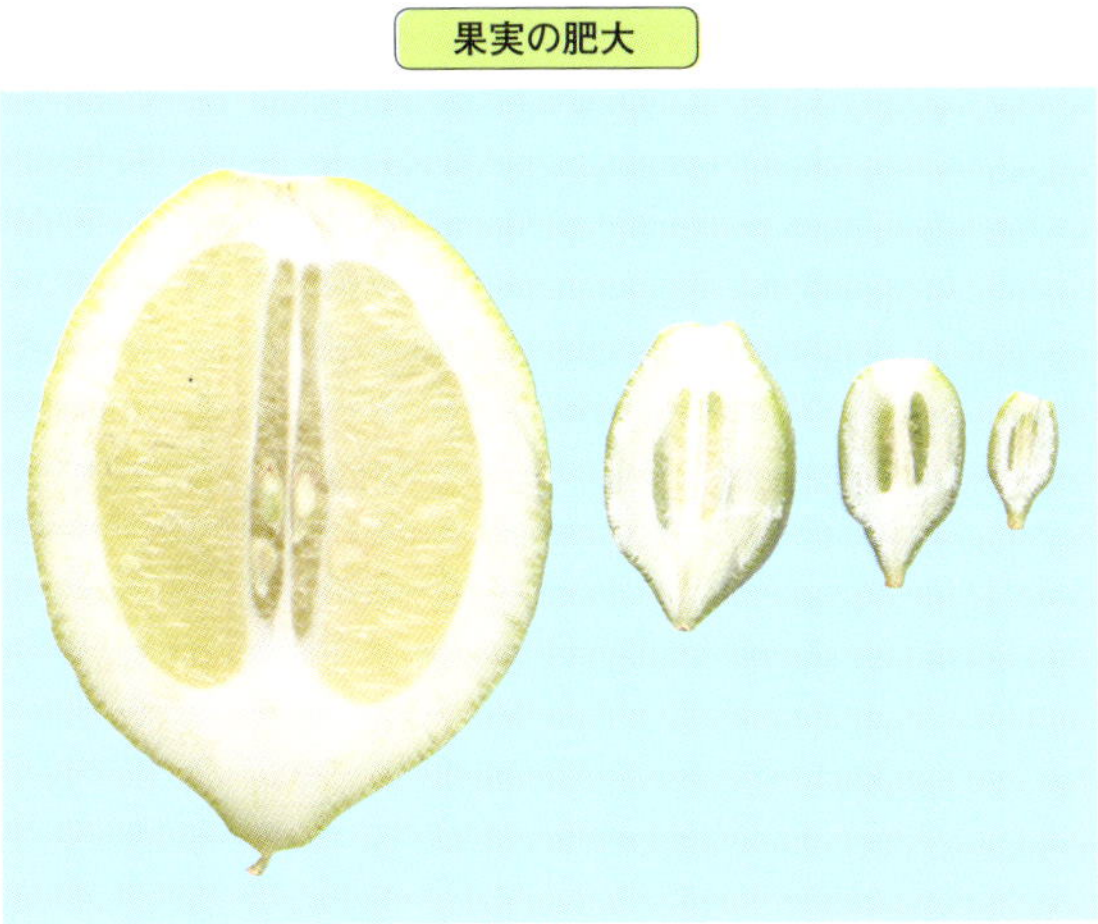

果実の生長プロセス

図１－２　胚珠と種子の部位名称

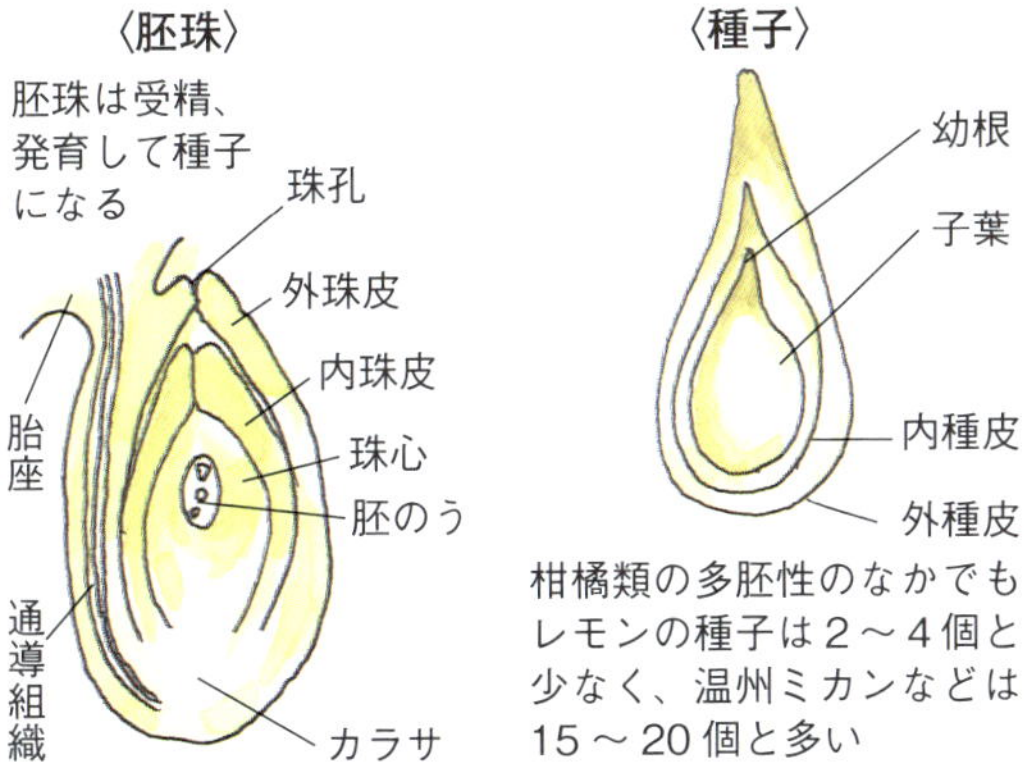

レモンの種子は多胚性で胚の色は白

胚は、種子のなかで卵が受精してある程度まで発育し、そこで休眠している幼体。胚軸、幼根《ようこん》、子葉《しよう》、幼芽《ようが》からなっています（図１・２）。柑橘類では胚の色は、白色のものと緑色のものに分かれ、レモンは白色、ライムは緑色です。

胚の数は、柑橘類には種子のなかで1個の単胚性のものと2個以上の多胚性のものがあります。レモンは多胚性ですが数は少なく、主要品種では2～4個くらいが多く、なかには単胚性のものもあります。純粋なレモンではないグラント・レモンやポンデローザは、ほとんどの種子が単胚です。

柑橘類の育種では、これまで多胚性がネックでした。胚のなかで、父樹《ふじゅ》の精核を受精して父母樹の形質を受け継いだ交雑胚は1個だけで、あとはすべて胚珠の珠心から無性的に形成される珠心胚（無性胚《むせいはい》）、つまり母樹のクローンです。そのため、柑橘類の育種はなかなか進みませんでしたが、現在ではチェック技術が確立しています。

なお、今日では珠心胚を繁殖させる珠心胚実生《みしょう》（種子をまいて繁殖する方法）が、母体品種よりも早熟化することが知られており、育種の一手段として利用されています。

（大坪孝之）

花の形状と四季咲きの性質

さまざまな花のつき方

レモンの花は、品種や花の部位などによって濃淡はあるものの薄紅色、紫紅色の5花弁を咲かせ、花が開くにつれて花弁の内側が表になり、白く見えます（**図1・3**）。

レモンの花には、花穂が伸びて花序（花をつける茎の部分）を形成し多数の花を総状に咲かせるものと、単生で一つだけ咲かせるものがあります。単生の場合も花序を形成しますが、栄養状態などにより一つの花しか発達しなかったのです。

また、総状花序を形成するものにも、葉をつけているものとつけていないものがあり、前者を有葉花、後者を直花《じきばな》（「じきか」ともいう）と呼びます。さらに個々の花では、雌しべがよく発達した完全花と、雌しべの発達していない不完全花があります（**図1・4**）。

開花数の多い春花

図1－3　花の構造

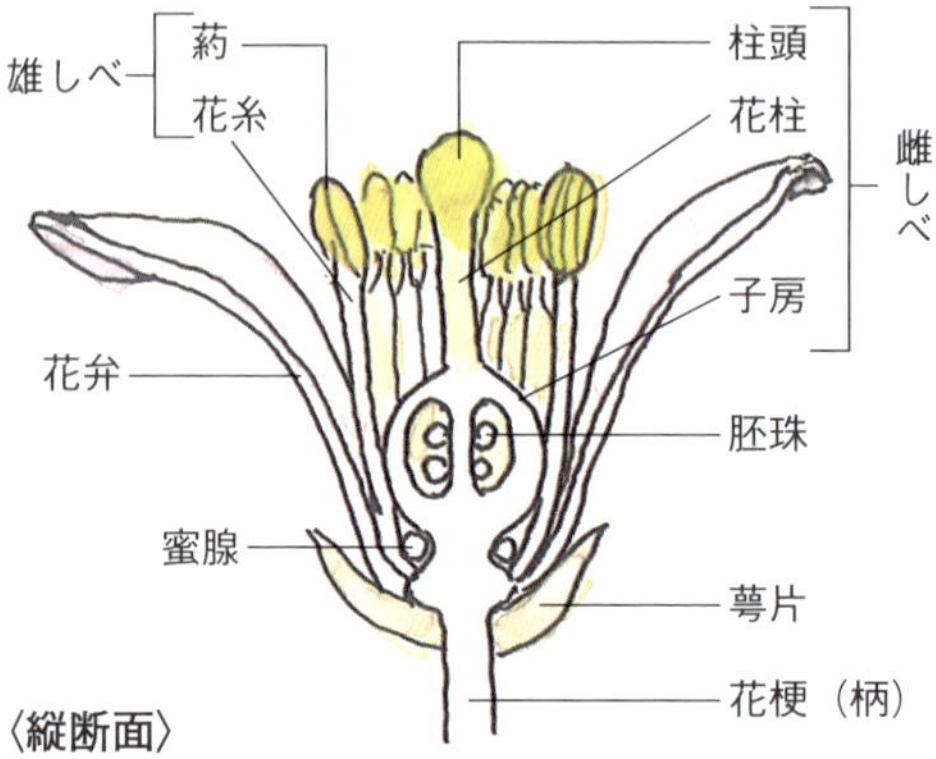

図1－4　有葉花と直花

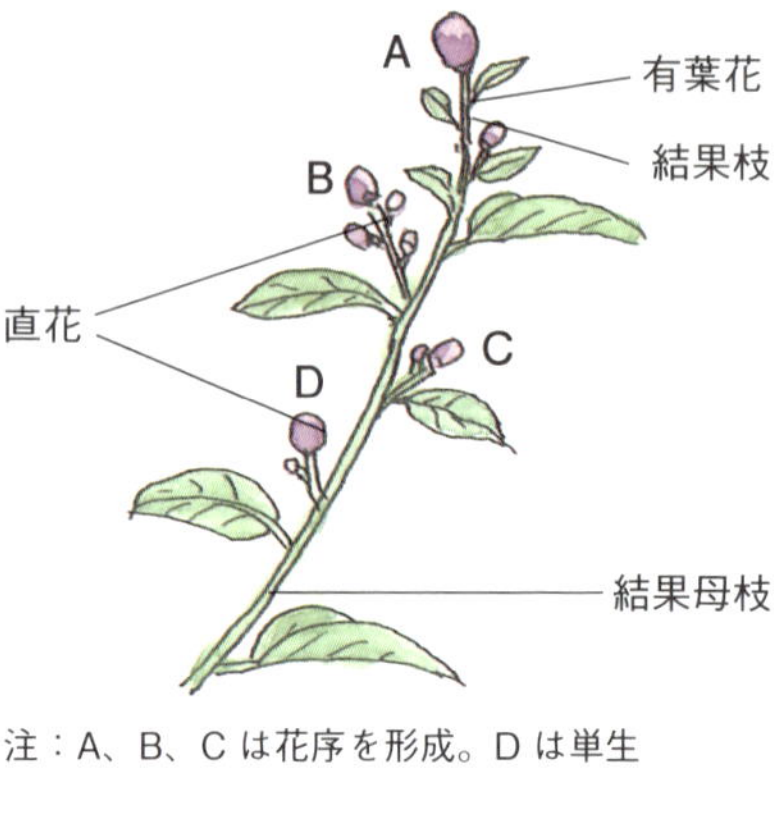

注：A、B、Cは花序を形成。Dは単生

年に3回ほどの開花

レモンは四季咲き性があり、大きくは春花（5月）、夏花（6～8月）、秋花（9月以降）の3回くらい開花、着果します（**表1・1**）。

表１－１　レモンの四季咲き性

着花	開花期	特徴
春花（秋果）	５月	開花数が多く、果実が肥大しやすいこともあり、生産上もっとも利用される
夏花（春果）	６～８月	花数は少ないが結実率は高く、外なり果が多い。越冬して翌春に収穫できる
秋花（夏果）	９月以降	翌夏に収穫できるとはいえ、多くは寒さで落果。結実しても利用できない

注：栄養状態がよかったりすると夏花、秋花とも開花しやすくなるが、一般に秋花は摘花する。暖地やハウスでは冬季に開花する場合もある

左から有葉花、直花、直花１個、有葉花１個

左３個が不完全花、右３個が完全花

図１－５　古枝への着花

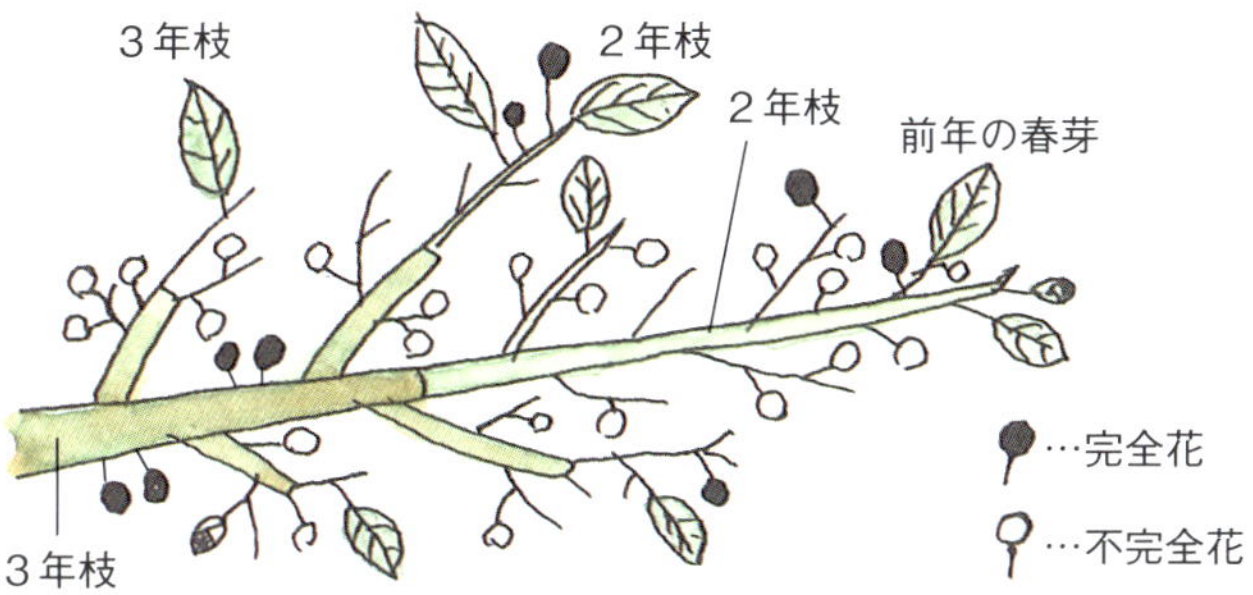

２年～３年枝についているトゲ状の枝にも着花・結実し、果皮はやや厚く粗いが果実は大きく、このふところなりが増収のポイントとなる
出所：『レモン栽培の一年』（JA 広島果実連）

春花は、前年に伸長した４～５㎝以下の短い春枝や、長くても水平または下垂ぎみの春枝や夏秋枝にもつきます。樹冠内部の２～３年生枝にもつきます。夏花は、当年生の春枝の先端１～２節に着生し、花数は少ないが結実率が高く、外なり果が中心です。

生産上重要なのは春花で、夏花由来の果実の品質は春花には及びませんが利用でき、秋花は結実しても利用できません。

樹冠内部に着花（果）

レモンは、温州ミカンなどほかの柑橘類に比べて樹勢が強く、樹冠表面のしっかりした前年枝には着花（果）せず、樹冠内部の生長の落ち着いた枝によく着花（果）し、品質もすぐれた実がなります（図１‐５）。

そのため、レモンを栽培するさいには、樹冠内部の側枝の活力が維持できるような受光を配慮した栽植距離、主枝、亜主枝の構成が大切です。また、成木は夏秋枝を強く伸長させると、かいよう病の発生だけでなく、夏秋枝の発生により樹冠内部の側枝が衰弱するので、ほどよく制限することが大切です。

（大坪孝之、赤阪信二）

レモンの枝、葉、根の形状

枝の形状

春枝・夏枝・秋枝

春に伸び出す枝を春枝といい、遅くても6月ごろには伸長が止まり充実していきます。

樹勢に余裕があると、春枝の上に、7月以降から8月半ばごろまでに伸長する夏枝、8月半ば以降から遅いものでは10月上旬ごろまでに伸長する秋枝が発生します。秋枝は夏枝が伸びていない春枝の上につくことが多いのですが、とくに樹勢が強い枝では夏枝の上に発生し、春、夏、秋と3段に伸びるものもあります（**図1-6**）。

幼木や若木の主枝の延長枝では伸長させて、樹冠拡大をはかります。夏秋枝は一か所から2本以上伸長するものが多いので、4～5cm伸びたときに芽かきをして1本を延長します。

レモンは、ほかの柑橘類、核果類などと同様に枝の栄養状態によって自ら生長をストップさせ、自然に枝の先端を落とす、いわゆる「自己摘芯」をします。そのため、レモンの枝の先端の芽は、本来の頂芽ではありません。

左2本は春枝に秋枝、3本目は春枝に夏枝、4本目は春枝に夏枝と秋枝が伸びた状態

節に発生したトゲ

枝は丸みを帯びており、節のところにトゲがあり、芽がある

稜角・トゲ

枝の稜角は、春枝は丸みを帯びていて温州ミカンのようにはめだちませんが、夏秋枝にはめだちます。

トゲは節に発生します。トゲの長さや太さは、品種や系統により異なりま

図1－6　春枝と夏枝・秋枝

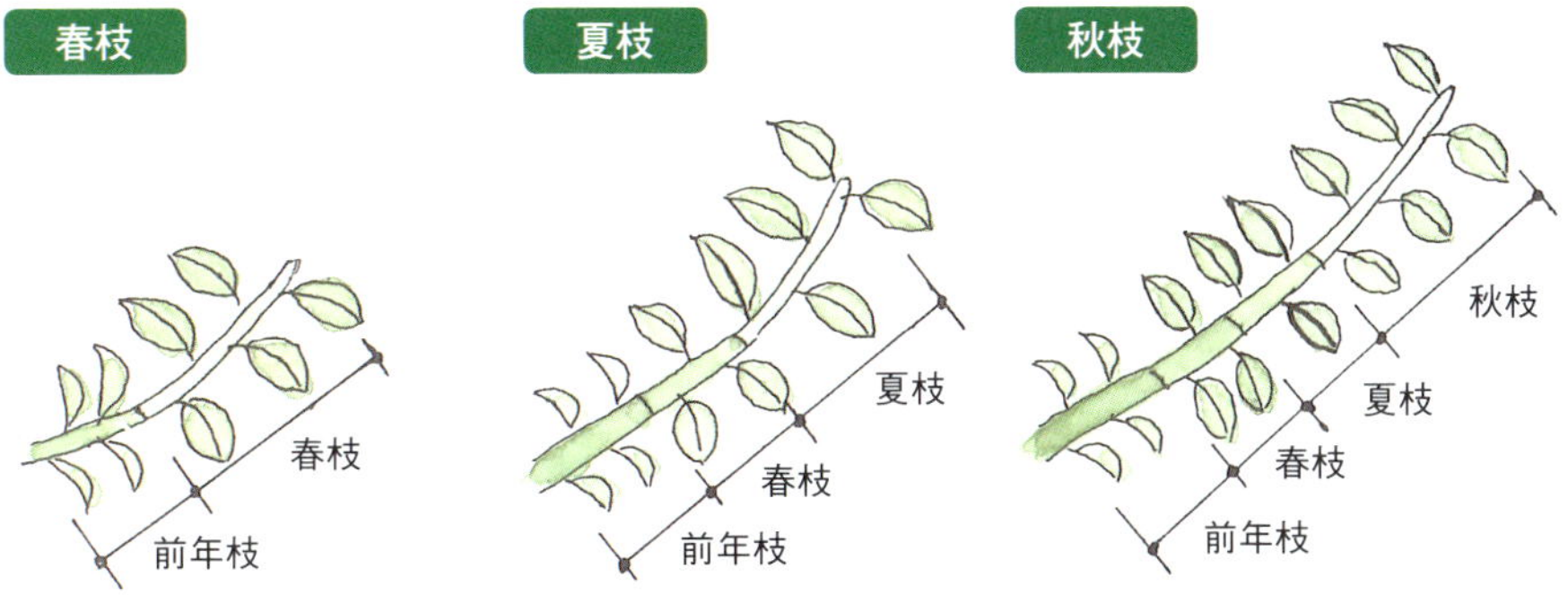

枝の生長は春、夏、秋の3段階ある。なお、春枝に夏枝がつかずに直接、秋枝がつく場合もある

すが、同じ品種や系統でも幼樹や若木のうちはめだち、樹勢が落ち着くとめだたなくなります。また、接ぎ木などの栄養繁殖を繰り返すとトゲは少なくなってきますが、それでも勢いのよい夏秋枝には長いトゲが出ます。

葉の形状と特性

葉の色と形状

常緑広葉樹のレモンの葉は、濃い緑色ですが、若葉は赤紫色です。

葉と葉の状態。若葉は赤紫色

柑橘類は、カラタチ属のように三出《さんしゅつ》複葉（葉軸の先の小葉と左右の一対の小葉だけからなる複葉）のものもありますが、ほとんどの種類が単葉です。

ミカン科は本来、複葉が進化して単葉になったもので、葉柄と葉身との間の節も複葉の痕跡です。とくにザボン類は翼葉として大きく残っていて、実生では三出複葉を混生することがあります。

レモンの葉の形状は、楕円形から、細長く両端がとがって中央より下がいちばん幅が広い披針形のものが多く、葉縁にはゆるい鋸歯《きょし》があります

葉は披針形

（図１・７）。ほかの柑橘類と同じように葉の表面にはクチクラ（表面に形成された模様の皮）が発達し、角質で比較的丈夫です。

葉の役割と寿命

葉は植物にとって、光合成をおこない栄養をつくるところで、もっとも重要な器官です。葉を断面（図１・８）で見ると、表皮の下には柵状組織があり、光合成にかかわる葉緑体を含んでいます。裏面には光合成や蒸散《じょうさん》にかかわる気孔があります。

葉形の比較

柑橘類の葉形比較。左からカラタチ、ザボン、レモン

図１－７　レモンとザボンの葉身

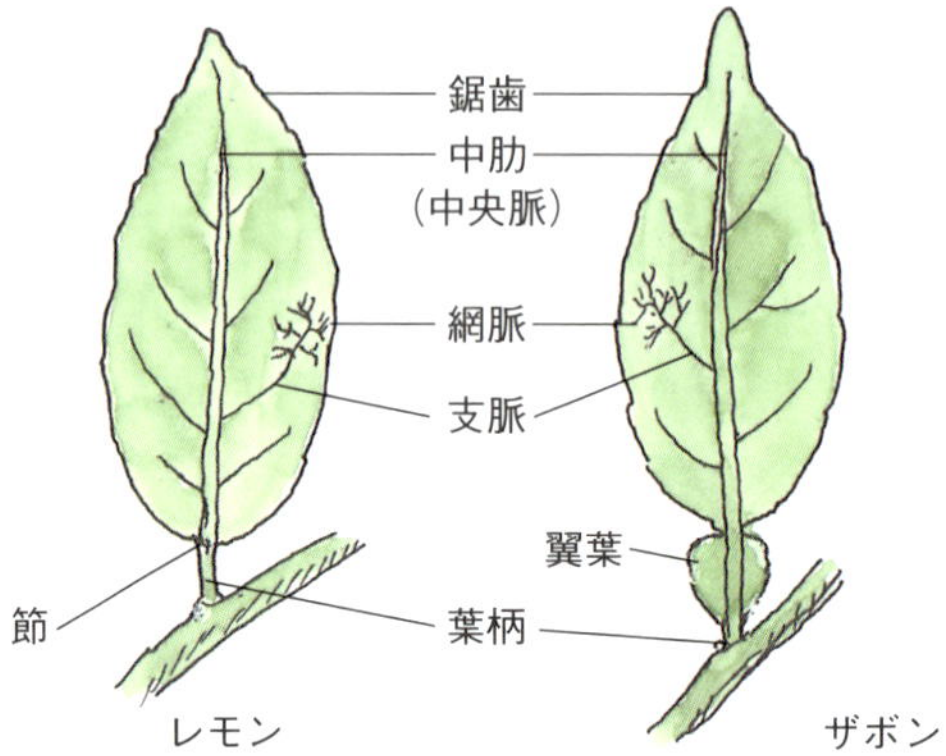

光合成機能には、葉緑素の含量（葉の色の濃さ）や葉の厚さ（光の透過に関係）などがかかわっています。光適応によって、光線が強く当たる陽葉は小ぶりで厚く、陰葉は薄く大きく広がる傾向があります。角度も前者は立ち、後者は水平ぎみです。

栽培面では施肥、剪定そのほかの適切な管理により、適度に緑の濃い、光合成機能の高い葉を育てることが大切です。

柑橘類の葉は寿命も長く、通常2年余りです。新葉が展開するころに3年目の葉が落下するのがふつうですが、新葉の発生数の少ない場合はやや長く残る場合もあります。一方、寒害や薬害などによって、早く落葉する場合もあります。

旧葉の有無が収穫に影響

葉はホルモンなどにより生理の指令を出す器官でもあり、一時的な養分の貯蔵の役割も備えています。とくに冬場の葉が蓄える養分は、翌春の発芽や生長にとって重要です。

レモンの葉は、秋が深まって気温が下がってくると炭水化物量を増やし、浸透圧を高めて冬の寒さに凍らないように備えます。

この葉を落としてしまったら、細い枝に蓄えた養分で芽を出すしかなく、

葉は光合成をおこなう重要な器官

図1－8　柑橘類の葉の横断面

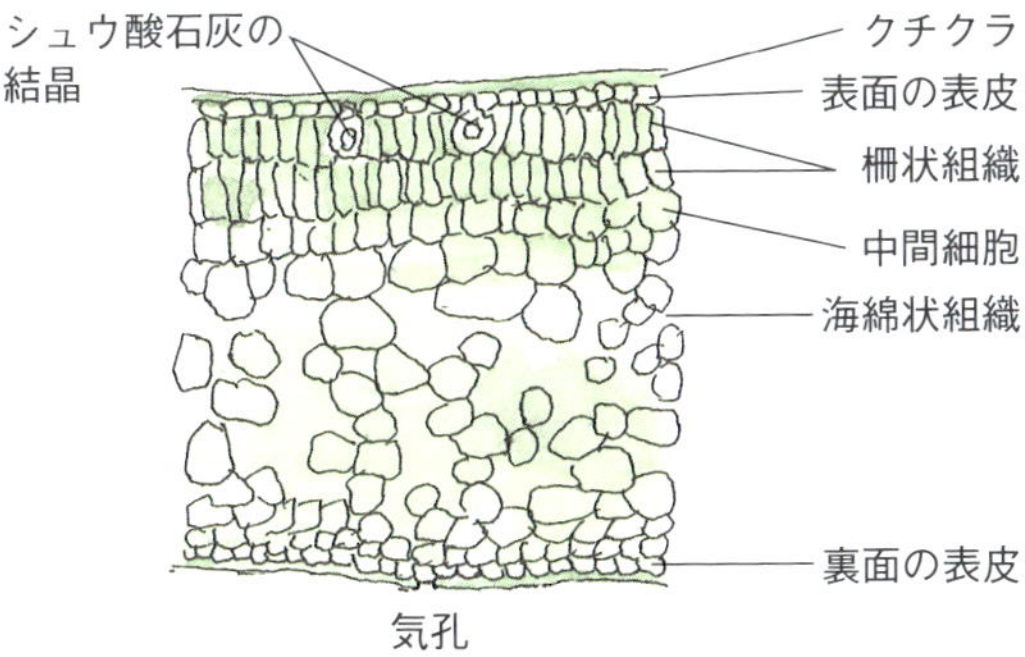

注：①葉はオレンジの例（リードによる）
②出所：『果樹園芸各論 下巻』黒上泰治著（養賢堂）

雌しべが発達していない不完全花が増えるなど、のちの収穫や生長に悪影響を及ぼします。そういう意味からも、レモン栽培では旧葉を残すことがポイントになります。

柑橘類の根の生態

根の形態

柑橘類の根は、1本の主根と、それから水平またはこれに近い角度で分岐した多数の側根、これらに着生する細根から形成されています。

細根の先端5～15㎜の部分には根毛が発生し、根毛の表面にはバクテリアが付着しており、養分の吸収に重要な働きをしているといわれています。根毛が発生するのは細根の先端で、ここから養分が吸収されます。

条件がよいと細根は密集しますが、密集しすぎると土壌環境が悪くなり、肥料養分を吸収しにくくなります。とくに鉢植えでは、植え替え時にじゅうぶんに断根しないと、物理性が低下して施肥だけでは葉の緑を保てなくなります。露地植えの場合でも、細根が密集しているような状態ならば、断根効果があります。

根の組織は、幹や枝とほぼ同様で、外側に皮部、内側に木部を形成する形成層と、根の表面にコルク細胞を形成するコルク形成層があります。

根の伸長

根の伸長は5月に入ってからで、先に地上部が生長し、そのあとに根の生長が続きます。果実がたくさん着果しているときは、果実に養分をとられるので、根はあまり伸長しません。

冬の寒波などでの落葉は、翌春の芽の生長と根の伸長に大きく影響します。これは柑橘類の冬の葉が、たくさんの栄養をストックしているからです。

（大坪孝之）

レモンの系統と種類、特徴

収穫期のイエローレモン

植物学的分類

レモンはミカン科カンキツ属に属し、学名は*Citrus limon*、英字でLemon、漢字で檸檬と表します。レモンの品種を紹介する前に、柑橘類の種類、分類について少しふれておきましょう。

柑橘類はミカン科、ミカン亜科に属し、カンキツ属、キンカン属、カラタチ属の三つの属を含みます。

柑橘類の分類では、わが国の田中長三郎、米国のスウィングルの2氏が世界的に知られています。カンキツ属を田中氏は１５９種に、スイングル氏は16種に分類するなど大きな違いがあります。しかし、いずれの分類でも種間雑種はできるので、いわゆる種の概念からすれば1属1種ではないかと学問的な議論はありますが、ここでは田中氏の分類をあげておきます。

柑橘類中もっとも主要なカンキツ属（*Citrus*）について、田中氏はつぎのように分類しています。すなわち、カンキツ属を花序（花をつける茎の部分の総称）を形成するか否かで二つに分けています。

◆**初生カンキツ亜属**（花序を形成）

●**パペダ区**：カブヤオ、プルット（ヒストリックス）など

●**ライム区**：ライム、ベルガモット、タヒチライム、シトロンなど

●**シトロン区**：シトロン、レモン、仏手柑《ぶっしゅかん》、マイヤーレモンなど

●**ザボン区**：ブンタン、グレープフルーツ、ハッサク、安政柑など

●**ダイダイ区**：夏ミカン、ダイダイ、スイートオレンジ、イヨカン、日向夏《ひゅうがなつ》など

◆**後生カンキツ亜属**（花序を形成しない）

●**ユズ区**：ユズ、スダチ、ハナユ、カボスなど

●**ミカン区**：九年母、温州ミカン、ポンカン、橘、紀州ミカン、タンゼリンなど

●**トウキンカン区**：四季橘

主要品種の特徴

世界にはリスボン、ユーレカ、ベル

ナ、フェミネロ・オバーレなど、たくさんのレモンの品種があります。もっともたくさん栽培されているのはリスボンとユーレカで、わが国でもこの2品種にビラフランカとユーレカのアレン系統が加わり、多く栽培されています。

リスボン、ビラフランカ、ユーレカの主要な3品種については特性を次頁の**表1－2**にまとめましたので、参照

リスボン

榎本系リスボン

3大品種の一つリスボン

果形と断面

ビラフランカ

主力品種ビラフランカ

果形と断面

表1－2　主要3品種の特性比較

品種／原産地／項目	リスボン	ビラフランカ	ユーレカ
	ポルトガル	シチリア	カリフォルニア
樹勢	強い	強い	やや弱い
樹姿	やや直立	ふつう	開張性
枝葉	まばらで剛直	ふつう	密で軟らかい
葉	とがる	とがって大きい	とがらず、ときに丸み
トゲ	やや多い	少ない	少ない
耐寒性	強い	やや強い	弱い
結実性	初なり遅く豊産性	やや遅く豊産性	初なり早く豊産性
周年開花性	やや弱い	ふつう	強い
収穫ピーク	11～12月	11～12月	10～12月、4～5月
果形	長球形	長球形～倒卵形	長球形～倒卵形
果実の頂部	乳頭大、凹環は片側がとくに深い	リスボンとユーレカの中間	乳頭小、凹環浅い
大きさ	中果	中果	中果で150g内外
果面	黄色で凹点一様に分布、おおむね平滑	（ユーレカに酷似）	黄色でやや粗く、縦に浅いひだが走る
果柄部	細まり、わずかなネックを生ずる	（ユーレカに酷似）	低いネックを生ずる
優良系	石田系リスボン 榎本系リスボン	道谷系ビラフランカ	アレンユーレカ クックユーレカ フロストユーレカ

注：『レモン栽培の一年』（JA広島果実連）をもとに加工作成

してください。

リスボン

ポルトガル原産。ユーレカとともにカリフォルニアレモンの中核品種。優良系として石田系リスボン、さらに榎本系リスボン（兵庫・淡路島の榎本栄一さんの品種改良による）が知られている。

ビラフランカ

シチリア原産といわれ、アメリカに導入後、わが国には1921年に広島県に導入され、現在も主力品種として栽培されている。

ユーレカ

イタリア、スペイン以外のレモン産出国の主要品種。優良系としてクックユーレカ、フロストユーレカ、さらにトゲが小さく少ないアレンユーレカがある。

フェミネロ・オバーレ

スペインの主要品種。フェミネロ群に属し、たくさんの系統がある。中

ユーレカ

主要品種ユーレカ

果形と断面

アレンユーレカ

フロストユーレカ

果、短長円形。乳頭はめだたない。果皮は黄色で、厚さは中くらいでよく締まる。

種子は少なく、果肉は柔軟多汁、多酸。収穫期は晩冬から春。種子は少なく果肉は柔軟多汁で多酸。樹勢はやや強く、トゲは少なく豊産。

ベルナ

スペインの主要品種。中果、卵形〜紡錘形。乳頭が大きくめだつ。果面は鮮黄色でやや凹凸がある。果皮はやや厚いがよく締まる。果肉は柔軟多汁で多酸。種子は少なく、ときに無核。収穫期は、春から初夏で晩生《おくて》。樹勢は強く豊産。

メセロ

スペイン原産。中果、球形〜長球形。果色は黄色であるがやや薄く、平滑。果肉は柔軟多汁で多酸。種子はやや多い。収穫期は冬季で多収。樹勢は強く、トゲは多い。晩生のベルナにたいして早生《わせ》の代表品種。

マグレーン

ギリシャの品種。わが国で現在栽培されている品種と品質は同レベルで、早期出荷割合が高く、年内早期出荷に

マイヤー

苦みの少ないマイヤー

果形と断面

菊池レモン

菊池レモンの完熟果

樹園（東京都八丈島）

利用できそうだということで一部から注目されている。

マイヤー

中国で発見された、オレンジとの自然交雑種。果皮が薄く苦みが少ない。多汁。オレンジレモンとも呼ばれ、完熟すると果皮がオレンジ色に近づく。味わいはフルーティーで甘みが感じられ、酸味はマイルド。ただし、レモンの香りは乏しい。耐寒性が強く、樹はやや矮性で結実がよく、庭先栽培用におすすめ。

菊池レモン

1940年（昭和15年）、ミクロネシアのテニアン島から菊池雄二氏が東京都の八丈島に持ち帰ったのが始まり。菊池レモンと呼ばれているが、マイヤーの一系統と考えられている。

樹上で完熟させると果皮がオレンジ色に、大きさも通常の3倍の400gくらいになり、果皮の苦みが抜けて甘みが出て酸味も減り、丸ごと食べられ

出荷の準備

かいよう病に強く、収穫期が早く栽培しやすい

璃の香

大果の璃の香

グラント・レモン

マイヤー系のグラント・レモン

るようになる。この完熟果を八丈島では「八丈フルーツレモン」、小笠原諸島では果皮がグリーンの時期に収穫したものを「小笠原レモン」として出荷している。

グラント・レモン

マイヤーの一系統と考えられる。

璃の香の果形と断面

交雑種レモンの特徴

レモンは 耐寒性が弱い柑橘類であり、かいよう病に弱いという弱点があります。

現在では、そうした弱点を克服した育てやすいレモン、また、まろやかな酸味で食べやすいレモンなど、さまざまな品種が各地でつくられています。

璃の香

璃《り》の香《か》は農研機構育成。リスボン×日向夏。かいよう病に強くて栽培しやすい。200gくらいの大果で、果皮の厚さは3㎜程度であり手でむける。

酸は5・6%、糖が9・2%と、ふつうのレモンより酸は低いが糖度がきわめて高い。香りは普通種より弱い。種子数は1果に5・3個と少なく、種なし果も25%くらいある。収穫期は11月下旬で、ふつうより1か月くらい早い。

イエローベル

道谷《みちたに》系ビラフランカの自然交雑実生

イエローベル

広島県作出のオリジナル品種

果汁を搾りやすいイエローベル

から選抜。花粉親はDNA鑑定の結果、サマーフレッシュと推定。12月中旬に成熟、完全着色する。

果皮色は黄色で、既存のレモンよりはやや赤みが強い。果形は果頂の突起がなく球から長球。大きさは170g程度で既存のレモンより大果。香りはレモンより弱い。酸は既存のレモンより1%程度低く、食べやすい。種子はきわめて少なく、果皮は薄く軟らかいので、果汁を搾りやすい。

ジャンボレモン

正称はポンデローザ

縦断面

節間は短く枝の発生が多いので、コンパクトな樹形となる。長いトゲがあるが、樹齢が進むと減少する。かいよう病については既存のレモンと同様防除が必要。落果が多く、結実はやや不安定。広島県作出のオリジナル品種。

観賞用レモンの特徴

ジャンボレモン

一才レモン、オオミレモンとも呼ばれるが、正式名はポンデローザ。レモンとシトロンの交雑種と推測され、果実は500gくらいの重さになる。これは果実が極端に大きく、庭先で観賞用に栽培されることが多い。

ヒメレモン

広東《カントン》レモンの橙色有酸品種。果形はレモンに似るが、小さいのでこの名がつけられた。台湾、中国南部、インドなど各地に分布。樹はふつうの広東レモン同様灌木性で、枝条は密生、トゲは非常に多い。樹勢が強くよく結実し

ヒメレモン

果実は小さく、オレンジ色

丸みのある果形と断面

ライム類

タヒチライム

メキシカンライム

て美しい。酸味が強く、多汁。レモンの代用として、さらに観賞用もしくは台木用として利用される。

オタハイト

広東レモンの一変種。果実は橙色レモン型で無酸、甘みはあるが果皮に苦みがあり、食用価値は低い。耐寒性はレモン程度で、樹は矮性で結実がよく、果実も美しいので、観賞用として利用されている。

ライム類の特徴

レモンとの関連で、避けて通れないライムについても簡単にふれておきます。香りなどの品質については、ライムのほうが一段上かもしれません。

メキシカンライム

ライムの定番品種。果実は小さいが、果肉が淡い緑で、香りがよく酸味も強い。トゲがあり、葉は小さく、樹高も低く、耐寒性は非常に弱く、暖地でないと露地栽培はむずかしい。

タヒチライム

果実はメキシカンライムより大きく、果汁が多く種が少ない。品質はメキシカンライムには及ばないが、レモンよりはすぐれる。メキシカンライムよりトゲは少なく樹勢は弱いが、耐寒性は強く、レモンなみで育てやすい。

（大坪孝之）

レモン原産地と伝播ルート

インド北西部が原産地か

レモンの起源については諸説ありますが、サワーオレンジやシトロンとの遺伝的つながりがあり、シトロンの偶発実生として発見されたものだと推測されています。

原産地については、2500年前からの栽培が記録されているインド北西部が有力とされていますが、これもいまだ確定はされていません。

レモン園（イタリア南部アマルフィ）

レモンシャーベット売り場（イタリアのカプリ島）

やがてヨーロッパでも生産

伝播ルートとしては、紀元後100年ごろアラビア商人が中東やアフリカに伝え、さらに200年ごろからイタリア南部やエジプトやメソポタミア地域に広がったという説があります。その後、8世紀以降のイスラム勢力のヨーロッパ進出とともにイベリア半島に伝わり、10世紀ごろからヨーロッパの地中海沿岸に本格的に生産が広がったという説や、12世紀に十字軍の遠征などがきっかけとなって中東からヨーロッパに持ち帰ったという説が広く知られています（**図1-9**）。

いずれにしても、15世紀まではルネサンスが展開するヨーロッパで広く栽培される作物となったようです。その大規模な産地の一つがイタリアのジェノバであり、ジェノバ出身のコロンブスによって大航海時代の船に常備され、アメリカ大陸に伝えられたとされています。

ちなみに、レモンが世界に伝播しはじめた当時、10世紀ごろまでは、レモンは食用ではなく主に観賞用として生産されていたといわれます。

レモンという言葉の派生

レモン（英語）の語源は、アラビア語のlaymunやペルシャ語のlimunといわれています。これがイタリアに伝わったときにlimoneと呼ばれるようになり、ここから古典フランス語のlimonが生まれました。

レモンはフランスを経由してイギリスに伝わったため、中世の英語ではlimonと呼ばれていたようです。これが転じて、14世紀ごろにレモン（lemon）という言葉が生まれたといわれています。このように、言葉の派

生にも地理的伝播の歴史を読みとることができます。（矢野泉）

図1−9　レモン原産地と伝播ルート

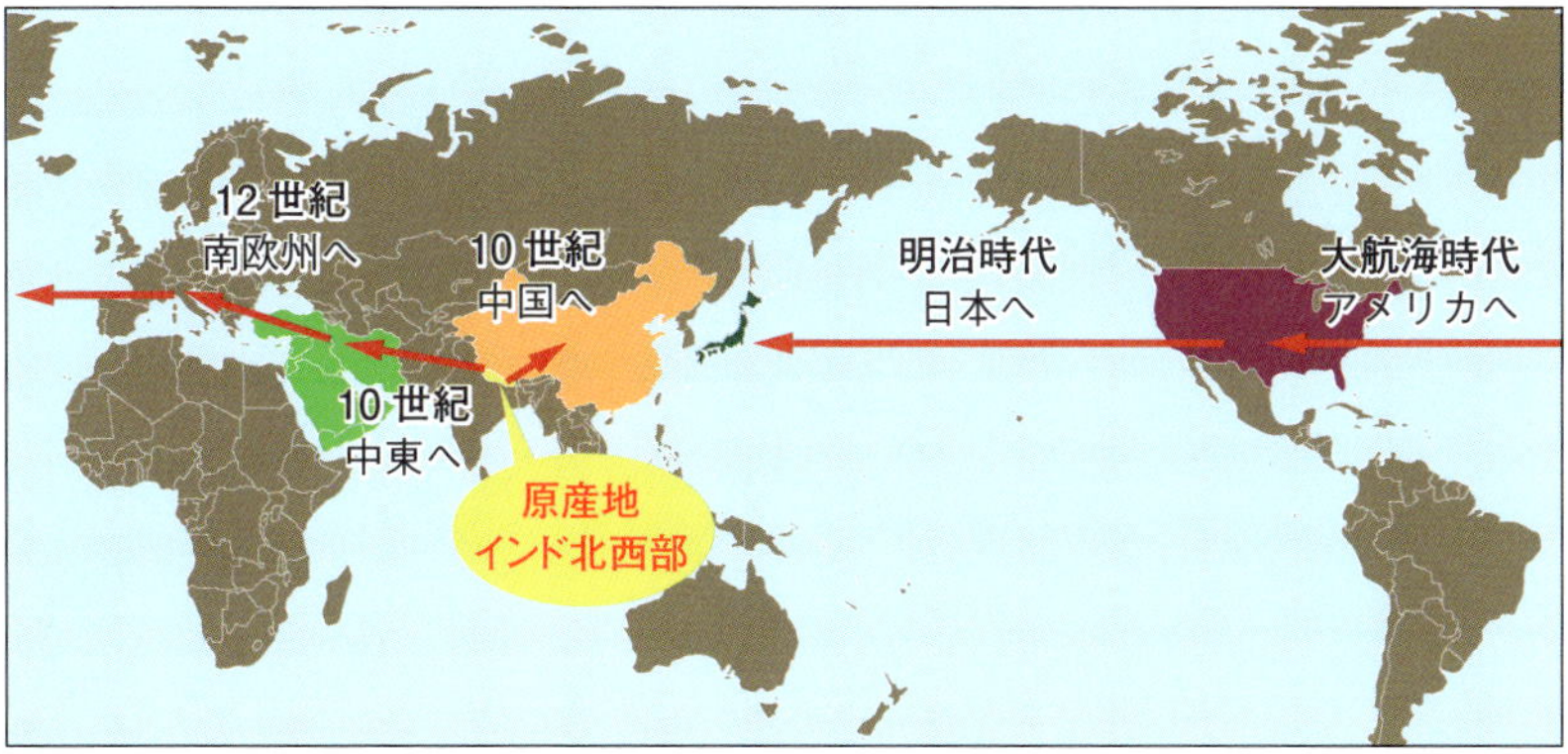

日本への伝来と試作・普及

明治期に導入・普及

江戸期の安永5年（1776年）には、長崎に滞在したオランダ人の観察記録に栽培果樹としてレモンがあったこと（梶浦一郎著『日本果物史年表』）が記されています。

しかし、レモンが日本で本式に試作されはじめたのは、1875年（明治8年）に苗木がリンゴ、オリーブ、オレンジなどの苗木といっしょにアメリカから導入されてから。内務省勧業寮（現在の農林水産省の前身）によって、苗木が各方面に配布されたとのことです。

国産レモンの主産地である広島県産レモンのはじまりは、1898年（明治31年）に広島県豊田郡大長村《おおちょうむら》の3軒の農家が、兵庫県の苗木商から購入して試植してからとされています。品種はリスボンだったようです。

1903年（明治36年）以降、この苗木から穂木を採取して、夏ミカンや温州ミカンなどに高接ぎして増やし、1915年（大正4年）には数千本の苗木ができるようになり、早生温州と並ぶほどとなりました。

これには、明治末期から大正初期にかけて、中国大陸輸出の販路が開け、価格がいちじるしく高騰したため、高接ぎによるレモン転換が盛んにおこなわれた背景がありました。

栽培試験などで基礎を確立

広島県は全国で唯一、当時の農水省レモン試験場の指定を受け、同省の助成により県立農事試験場大長分場において、わが国レモン栽培の発展をはかるための品種そのほかの栽培全般にわたる試験をおこない、レモン栽培の基礎確立にいちじるしく貢献しました。

1921年（大正10年）には、アメリカよりレモンの主要品種を直接輸入し、大長分場に植えつけました。品種としては、大長在来種、ユーレカ、ビラフランカ、リスボン、ゼノアなどで、そのうちビラフランカがもっとも優秀であることを実証しました。

また、現在広島県の主産地の一つである瀬戸田（尾道市）では、1927年（昭和2年）に小河直真氏が村長就任後、今上天皇即位記念として農家各戸へ3本のレモン苗を配布したことをきっかけにレモン栽培が盛んになり、1938年（昭和13年）のレモン価格高騰後一気に拡大されたことで、広島県は全国一の生産県となりました。

広島県では早くからレモン栽培全般の試験をおこない、栽培の基礎を確立

完全自由化により大打撃

1964年（昭和39年）5月、くしくも広島県出身の池田勇人内閣により、レモンの完全自由化がスタートしました。

当時の国産レモンの主産地は、広島、兵庫、和歌山県で、栽培面積は145ha、年間生産量は約1200tでした。これにたいして、アメリカからの輸入量は年間約4000t。国産レモンの価格は暴落し、生産費を割る手取り価格となり、産地は壊滅的な打撃をこうむってしまいました。

以後、輸入レモン量は増加し続け、1980年代以降は年間10万t台で推移しており、年間消費量の99%を占めるようになりました。

見直される国産レモン

1975年（昭和50年）、輸入レモンの防カビ剤の収穫後使用が発覚するという事件がありました。それ以降、安全性の面からカビ防止剤やポストハーベスト農薬（収穫後、品質を保持するために使う）の使用が問題視されはじめ、安全な食べ物を求める一部の消費者グループなどの根強い後押しなどもあって国産レモンが徐々に見直されるようになりました。

現在では、「果皮・果肉・果汁を丸ごと利用できる国産レモン」として定着するようになり、広島、愛媛などの主産県などから堅調に出荷されるようになっています。

（横本正樹）

レモンの需給事情と主産地

レモンの国内生産と自給率の推移

1990年のレモン国内生産は、栽培面積125ha、収穫量2027tでしたが、2000年代初頭より生産量が増加傾向を見せ、2010年代初頭には栽培面積が500ha、収穫量が1万tまで増大しています。2014年のレモン生産は、栽培面積が477ha、収穫量が1万95tです。

レモンの自給率は、生鮮果実では1990年は1・6%でしたが、2000年代初頭には4%、2010年代初頭には10%水準にまで達し、2014年のレモン自給率は生鮮果実で12・3%となりました。果汁を加えたレモン全体で見ても、自給率は1990年の0・7%から2014年には2・8%まで拡大しています（**図1・10**）。

主産地は広島・愛媛

国産レモンの主産地の状況について見てみると、収穫量は1位が広島県、2位が愛媛県ですが、とりわけ広島県は、2014年の全国栽培面積の41%、収穫量の62%を占めるまで拡大しています。

レモンの栽培条件は、年平均気温が17度以上で最低気温がマイナス3℃以上であるため、瀬戸内海島しょ部、とりわけ芸予諸島に産地が集中し、広島県、愛媛県に主産地が形成されています。また、和歌山、熊本、三重、神奈川県などでも一定の収穫量があり、出荷されています。

夏場向けのグリーンレモン

国産レモンの需要が増加

丸ごと利用できる国産レモン

多収のレモン樹

世界のレモン生産と輸入量

世界のレモン生産量は2009年の1720万tまで拡大傾向にありましたが、その後、停滞の状況を見せており、2014年は1630万tとなっています。

2014年産のレモン生産量上位5か国は、インド、メキシコ、中国、アルゼンチン、ブラジルです。

わが国のレモン輸入状況（財務省「貿易統計」）を見ると、生鮮果実は最大輸入元であるアメリカのレモン生産が不安定であることなどから、輸入量が年々減少傾向にあり、2005年の7・6万tから、2016年には4・9万tまで減少しています。

それでもアメリカからの輸入量は6割以上を占めており、つぎがチリで、そのほかはわずかです。

一方で果汁は、毎年1・5万t前後の水準で輸入されています。果汁の場合、最大の輸入元はイタリア、ついでイスラエル、アルゼンチン、ブラジル、アメリカと推移しており、生鮮果実とはまったく異なる様相となっています。

（細野賢治）

図1－10　レモンの国内生産と自給率

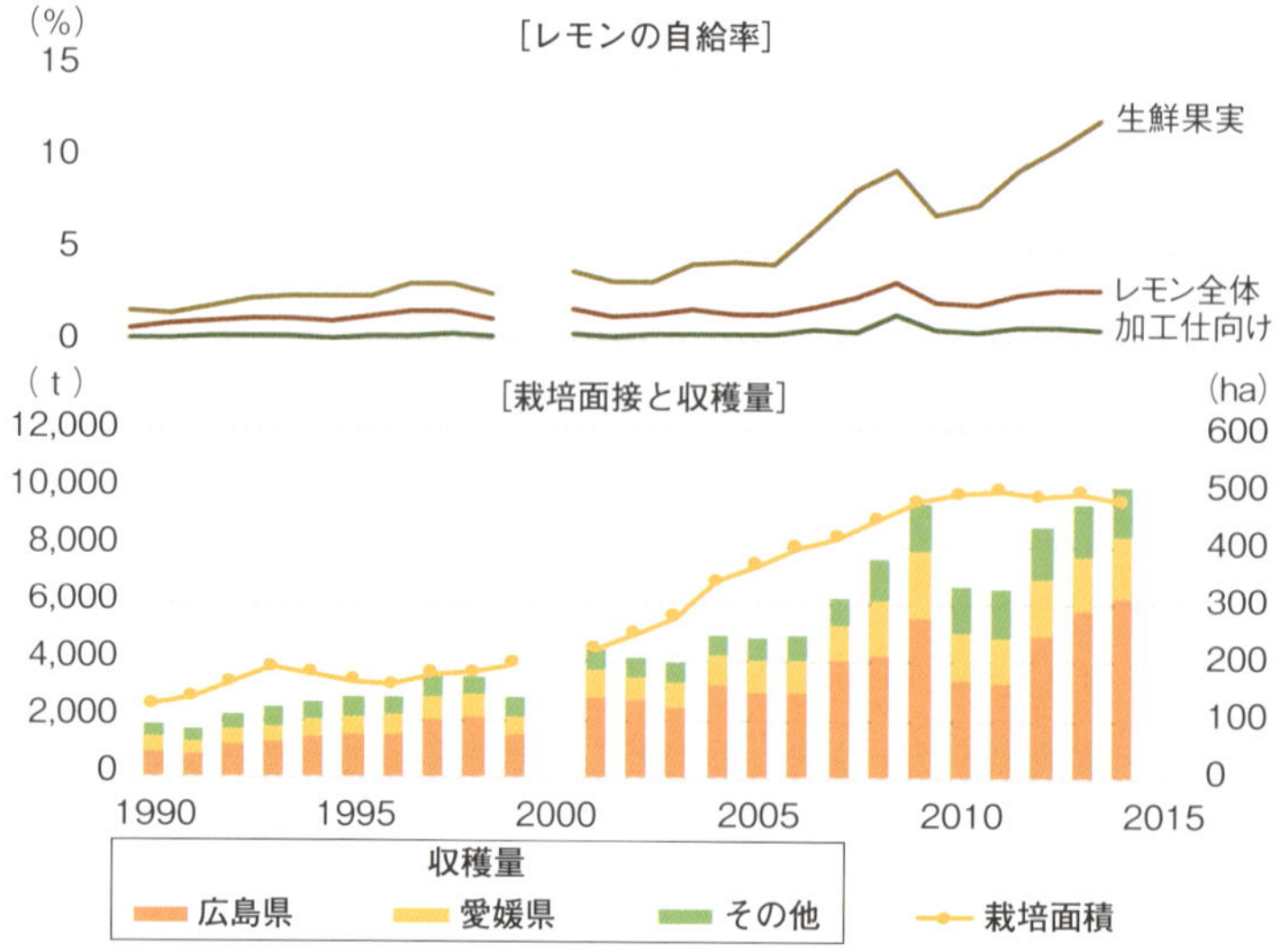

資料：農林水産省「特産果樹動向等調査」、財務省「貿易統計」
注：レモン全体および加工仕向けの自給率は、レモンジュース輸入量を生果換算して算出

イタリアのソレントにあるレモン園

第2章

レモンの生育と栽培管理

収穫期のイエローレモン

レモンの育て方のポイント

レモンは、温暖で水はけのよい土地で生産されています。日本では、広島県をはじめ、関東以南に産地が点在しています。

レモンを育てるための要点は、つぎの五つです。

温暖で水はけがよいところが適地

寒さは苦手

レモンは、柑橘類のなかでも寒さに弱い種類に入ります。最低気温がマイナス3℃以下になると、寒さの影響を受けるため、温暖で水はけのよい土地が適しています。詳しくはつぎの「レモン栽培に適した気候と土壌」の項を参照してください。

最低気温がマイナス3℃を下回る地域でも、鉢植えで育て、冬の置き場を工夫し、防寒対策をおこなうことで栽培している事例があります。

強い風当たりへの対策

レモンは旧葉（前年までの葉）が大切ですが、寒風が強く当たると落葉しやすくなります。また、レモンで問題となる病害の一つ、かいよう病は風雨で伝染しやすくなることが知られています。かいよう病にかかった果実はいちじるしく商品性が低下します。

防風ネット

レモンの栽植は、風当たりの少ないところを選ぶか、または防風樹、防風網（ネット）などの対策が必要です。

深植えにならないように

レモンを含む柑橘類は、一般に台木に接ぎ木して栽培されています。レモンは、自根が出やすい性質があり、自根が出ると枝が徒長的に長く伸びやすく、樹勢が強くなりすぎて、着果が不安定で、果実も果皮が粗く厚くなるなど品質が低下します。

苗木の植えつけのさいは、深植えになって将来、接ぎ木部が土に埋まらないよう注意が必要です。

適度な土壌水分に

柑橘類は、果樹のなかでは比較的乾燥に強い種類になります。しかし、レモンは、柑橘類のなかでも、比較的水分を必要とする種類になります。収穫量を伸ばし、高品質な果実を生産するためには、年間を通じて適切な土壌水分管理が必要です。

灌水は重要な作業で、夏場はもちろん、梅雨時期でも降雨がない場合はおこないます。また、レモンは、冬～春（1～5月）に乾燥しすぎた場合に落葉が増え、生理的落果が増えて収穫量が安定しないとの試験報告もあり、冬～春に乾燥する場合の灌水が有効です。

なお、庭先栽培では夏場に葉の裏表を洗い流すように灌水すると、害虫の多発や増殖を防いだりすることにつながります。

植えつけ時は接ぎ木部を上に出す

年間を通じて適度な土壌水分に

葉の裏表も洗い流すように灌水する

直花も利用できる

柑橘の花は、伸びた新梢で葉を伴って花がつく有葉花と、葉が発達せずもとの枝に直《じか》に花がついているように見える直花《じきばな》があります。ほかの柑橘類では一般に有葉花の果実を利用しますが、レモンでは有葉花と直花由来の果実に品質差はなく、いずれも利用できます。

また、レモンは直花の結実率が高いことが知られており、2年枝、3年枝の芽も充実した花芽になりやすい特徴があります。

（塩田俊）

直花

レモン栽培に適した気候と土壌

日本では、従来のレモンの栽培地域である瀬戸内海の沿岸部や島しょ部をはじめとして、九州、四国、本州の太平洋沿岸の一部地域が適地とされています。

島しょ部で栽培されるレモン

栽培適地の気候

レモンの露地栽培に適した気候は、年平均気温が15・5℃以上で年間の温度差が少なく（冬暖かく、夏涼しい）、日照量が豊富で、夏季の降水量があまり多くないことです。無霜日数は250日で、冬季に冷気が滞留せず、寒風が当たりにくく、梅雨期は降水量が少なく、夏秋季は台風の来襲が少ないところが適地です（**表2－1**）。

レモンは、旧葉（前年までの葉）がついている枝に大きな花が咲き、よい果実が結実します。冷温地帯では冬に落葉してしまうため、翌年の着果率が下がります。冬季の最低気温はマイナス3℃以上の地域がよく、マイナス4℃が3時間以上継続すると凍害の危険があります。

旧葉を落葉させてしまう寒風は、レモン栽培の大敵です。また、レモンにはトゲがあり、生育期の風で葉や果実が傷つき、かいよう病が傷口から感染しやすくなるので、防風林や防風網な

表2－1　主な柑橘類の栽培適地目安

種類	年平均気温	冬季の最低気温
ユズ	12℃以上	－7℃以上
カボス スダチ	14℃以上	－7℃以上
温州ミカン	15℃以上	－7℃以上
ハッサク イヨカン ネーブル	16℃以上	－5℃以上
甘夏 清見 ブンタン デコポン **レモン**	16℃以上	－3℃以上

樹園奥に防風林

どの防風対策も必要です。

方位的には、日照時間の多い東、または南向きの場所がよいでしょう。

栽培に適した土壌

レモンは土壌の種類をあまり選びませんが、結実量を多くするには、根の生育を旺盛にするために、深く耕して根域を深くし、有機物を施して腐植含量や保肥力を高めるなどの土づくりが重要です。

また、地下水の高い圃場は根の生育を妨げ、収量や果実品質を低下させるので、排水のよい場所を選びます。土壌のpHは5・0〜6・0の弱酸性がよく、低すぎる場合には苦土石灰などを施用して適正値に矯正します。

なお、土壌が肥沃すぎると枝が徒長するので、適正な肥培管理をおこないましょう。

（川崎陽一郎）

年間生育サイクルと作業暦

年間の生育サイクル

春枝伸長期

露地栽培のレモンは4月になると発芽を開始します。4月に発芽する芽を春芽、そこから伸長する枝を春枝といい、4月から6月くらいまで伸長します。

6月中下旬から夏芽が、8月中下旬からは秋芽が発芽しますが、夏芽（夏枝）、秋芽（秋枝）は成木して樹勢が落ち着くにしたがって発生は少なくなります。

開花・結実期

レモンは、5月、7月、9〜11月の年3回ほど開花しますが、5月はもっとも主要な春花の開花時期です。

開花後は、7月くらいまで生理落果が続き、残った果実は徐々に肥大します。

果実肥大・成熟期

果実肥大のスピードは、6〜7月の肥大初期がもっとも大きく、徐々に鈍化します。この時期に発芽する夏枝か

新芽（春芽）

主要な春花

主な栽培管理

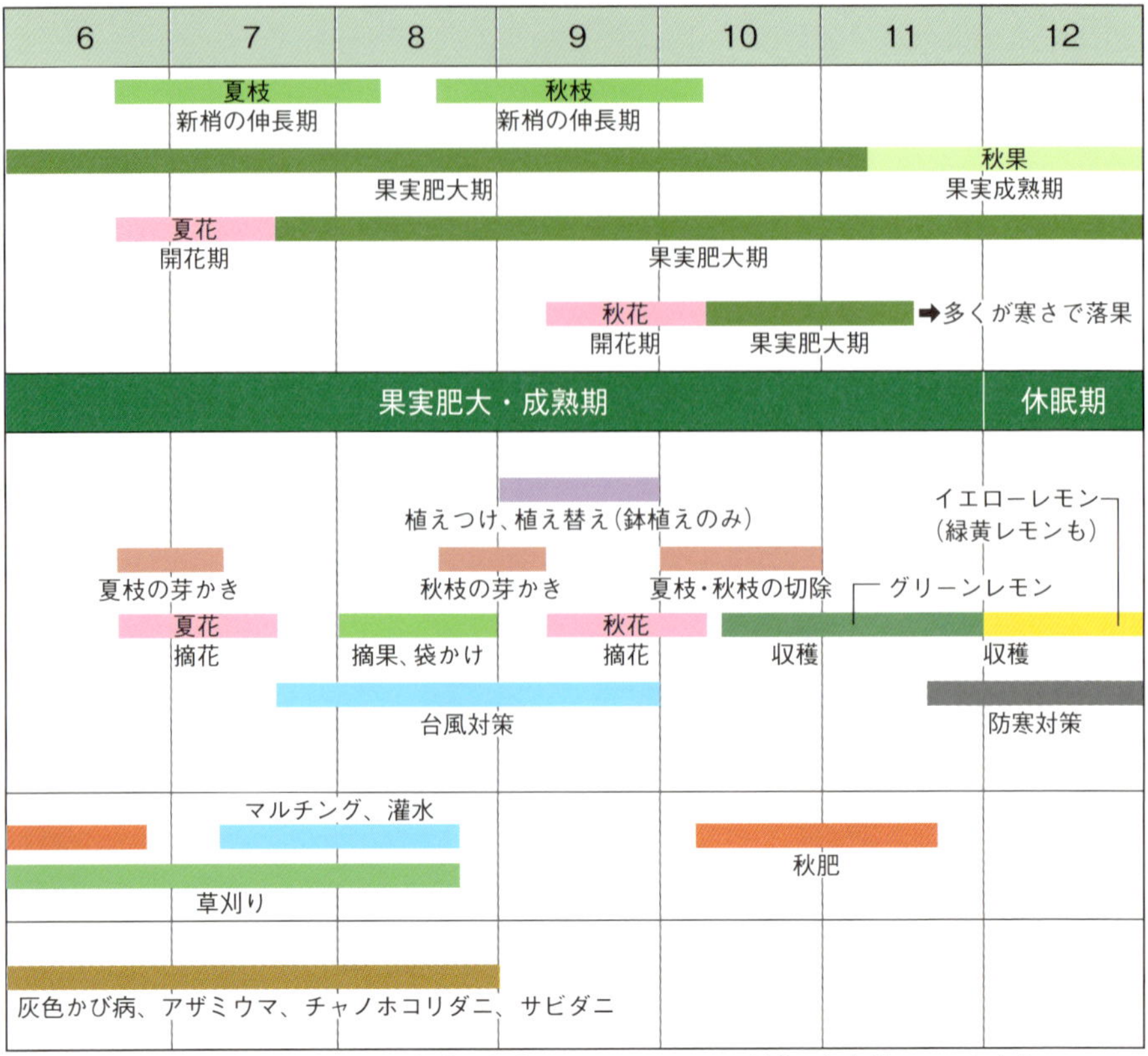

の場合、7～9月にグリーンレモンを収穫、出荷。また、2～8月は貯蔵・個包装レモンを出荷
などをもとに加工作成

らは夏花が、その後、秋枝が発芽し秋花が開花しますが、基本的には利用しません。

11月になると一部の果実は果皮が緑色から黄色くなりはじめ、12月中下旬には大半の果実が色づきます。

休眠期

12月以降は低温のため、樹の生育は緩慢になり、強制的に休眠状態になります。1月以降の寒波に備えて、寒冷紗やわらなどで防寒対策をおこないます。また、果実が樹上に残っていると耐寒性が劣るため、寒さの厳しい園地では12月中の収穫をすすめます。

主な年間作業

生育と栽培管理は**図2－1**のとおりですが、剪定、収穫など主な年間作業を列挙します。防除は収穫する一定期間前、および収穫後におこなうようにしておきます。

1月　収穫（寒波襲来前に完了）

図2－1　レモンの生育と

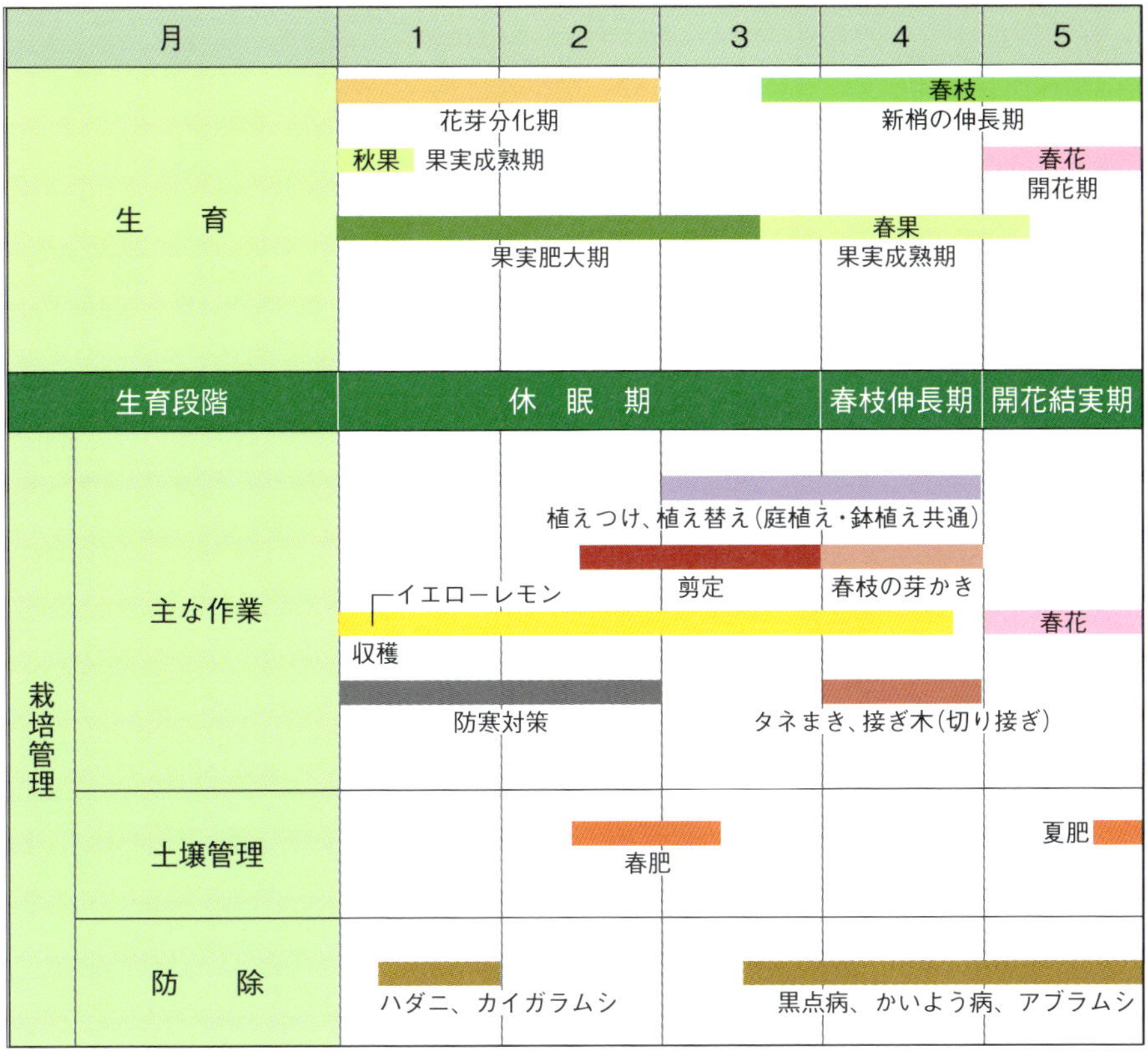

注：①主産地では露地栽培の場合、10～11月にグリーンレモン、12～4月にイエローレモン、施設栽培
②『レモン栽培の一年』（JA広島果実連）、『よくわかる栽培12か月 レモン』三輪正幸著（NHK出版）

2月　土づくり（堆肥などの有機質資材や石灰質資材を施用）

3月　剪定、防除（ハダニ類、かいよう病）、春肥

4月　防除（ミカンサビダニ）

5月　防除（かいよう病、黒点病、ミカンサビダニ、チャノホコリダニ）、夏肥、除草（5月以降随時実施）

6月　夏枝の芽かき、防除（黒点病、ミカンサビダニ、ハダニ類）

7月　防除（黒点病、かいよう病）、夏肥、灌水（7月以降随時実施）

8月　摘果、秋枝の芽かき、防除（黒点病、かいよう病、カイガラムシ類、ハダニ類）

9月　防除（黒点病、かいよう病）、初秋肥

10月　夏秋枝処理、収穫開始、秋肥

11月　収穫

12月　収穫、防寒

（竹岡賢二）

レモン樹の一生と生長段階

ほかの柑橘類より生育旺盛

レモン樹の特徴は、生育が旺盛でほかの柑橘類より樹冠の拡大が早いことです。そのため、早い段階から果実を収穫することができます。

レモンの新枝は、温度、土壌水分、肥料などの条件がよい場合には、5月に発生する春枝だけでなく、夏枝、秋枝、晩秋芽も発生し、これらを樹冠の拡大に利用できます。しかし、樹冠を拡大するとミカンハモグリガやかいよう病の被害を受けやすいため、これらの防除をおこなう必要も出てきます。防除のさいには、窒素成分を主体とする液肥を混用することで新枝の生育を促進できます。

また、発生した枝を将来的に主枝や亜主枝として育成するためには、新枝の摘心とその後発生する新枝の芽かき（枝の間引き）が必要となります。さらに、イボ竹（支柱）などを利用して枝を誘引することにより、枝が下垂したり折れたりすることを防ぎます。

植えつけ２年目の大苗

低樹高の成木

生長段階の特徴と管理

植えつけ1~3年間は、樹冠の拡大を最優先に、新枝の摘心・芽かき・誘引、病害虫の防除をおこないます。4年目以降は、果実をならしながら樹冠の拡大もおこないます。

樹冠が拡大し、樹と樹の間を通り抜けることがむずかしくなった場合には、早目に間伐をおこないます。なお、間伐をおこなう前には、伐採予定の樹を計画的に切り縮めて、収量が減少するのを極力防ぎます。

幼木~若木期の特徴

この時期の新枝伸長は非常に旺盛で、伸長量が1年間で2~3ｍに達する場合があります。

しかし、摘心をおこなわないまま伸長した枝は、先端から新枝が発生するものの、途中からは発生せず、胴抜け状態となるので、摘心・芽かきをおこないます。あるいは、長く伸びた枝を寝かせて誘引し、途中から新枝を発生させる方法も有効です。

成木期（盛果期）の特徴

新枝伸長は依然として旺盛なため、樹が高くなりすぎないよう定期的な芽かきや新枝の誘引、樹高の切り下げ作業が必要となります。

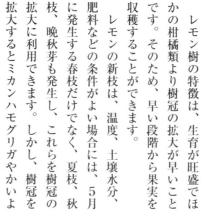

レモンは、整枝剪定が適切におこなわれないと、樹が大きくても内部に枝や葉がほとんどない空洞ができてしまい、思ったような収量が得られないことがあります。この場合には、樹冠の内部にも日光が差し込むよう、上部の枝の間引きをおこないます。

老木期の特徴

樹齢が進むと、亜主枝単位で葉が黄化して枯れたり、太い枝でももろくなって折れてしまったりします。そのため、着果量が多い場合には摘果をおこないます。また、樹の中心に太い支柱を1本立て、その支柱の上部から農業用ハウスバンド（マイカ線など）を垂らして枝を上方へ引き上げるか、支柱などで下から枝を支えることが必要になります。

なお、収量がじゅうぶん得られないようであれば、そのまま栽培を継続するよりも、思い切って改植をおこないましょう。

（赤阪信二）

苗木の種類と選び方

苗木の種類

品種や樹齢はさまざま

レモンの苗木は、いろいろな品種が出回っていて、果実の特徴や樹の大きさ、寒さや病害への強さなどの特徴が異なります。気候条件や目的に合った品種を選びましょう。

苗木には、主枝が1本だけの棒状になっている1年生苗と、主枝が2～3本に広がっている2年生以降の苗木が販売されています。1年生苗は2年生苗に比べて安価ですが、初めて果実がなるのは通常3年目となります。一方、2年生以降の苗は結実が早く、翌年には果実がなる樹もあります。

大苗の育苗圃

苗木は接ぎ木して繁殖されたもの

苗木は、台木に接ぎ木して繁殖をおこない、販売されています。台木は、日本では寒さや病害虫に強くコンパクトな樹となるカラタチが利用されています。カラタチよりもさらに小さな樹となるヒリュウ台木に接ぎ木した苗木も、少量ですが流通しています。

素掘り苗とポット苗

苗木には、畑から素掘りした苗木（裸苗）と、ポット苗があります。前者は一般には1～2年生苗で、後者は

1〜数年といろいろで、枝分かれし、なかには果実をつけた大苗まであります（図2・2）。

出荷時期は素掘り苗は11月〜翌年4月を主体にし、ポット苗は通年取り扱われています。

図2−2　素掘り苗とポット苗

苗木は、種苗会社、JA、園芸店やホームセンターで購入できます。また、インターネットでの通信販売でも、いろいろな種類・樹齢の苗木が販売されています。

苗木の選び方のコツ

苗木を購入するさいは、吟味してよい苗木を選びます。レモンの植えつけ適期は3〜4月なので、その時期に苗を購入します。

とくに秋に掘り上げてポットに植えたものは避けます。また、長期間店に置かれていたポット苗は、病害虫に冒されている可能性が高いので、避けるようにします。

市販のポット苗

苗木選びのポイント

園芸店やホームセンターなどでのよい苗木選びのポイントは、つぎのとおりです。

- 枝が太くて枝が徒長しておらず、芽が充実したもの
- 葉が多く、緑色が濃くて黄変しておらず、病害虫の発生が見当たらないもの
- 接ぎ木部が穂木と台木がしっかり接合していて、異常に肥大していないもの
- 素掘り苗の場合は根の量が多く、細かい根がたくさんあるもの

自家生産苗も可能

苗木は苗木業者から購入するのが一般的ですが、自家生産苗をつくることもできます。その場合は、カラタチ台木の種子をまいて育てたり、カラタチ台木を苗木業者から購入して、つくりたい品種を接ぎ木したりします。

（金好純子）

植えつけ準備と植えつけ方

植えつけの時期

植えつけ時期は、春植えの場合3～4月が適期です。寒さに弱いので、植えつけ後の降霜などによる植え傷みに注意が必要です。

秋から春先にかけてポット苗や鉢苗を購入したときは、ポットや鉢のまま冬越しして3～4月の適期に植えつけます。また、素掘り苗が早期に届いたときは、植えつけまでに仮伏せ（深さ30㎝ほどの長めの穴を掘り、苗木を斜め横に寝かせて土をかける）をしておきます。

植えつけの例。接ぎ木部を地面より上に出すのが基本

植えつけ場所の確保

レモンは枝が生長しやすい性質があり、柑橘のなかでは樹冠の拡大が早い部類になります。そのため、樹間が狭いと、数年で隣の樹の枝同士が交差してしまいます。密植状態になると、枝が伸びるのは光が当たる上のほうばかりになるので、枝が立ちぎみになって樹高が高くなり、管理しにくい大きさになってしまいます。

そのため、枝の伸びる空間をあらかじめ確保するように考慮することが大切です。土質や肥培管理などにより樹冠拡大の進みぐあいは異なりますが、樹間の目安としては5～6ｍとるようにしましょう（図2-3）。

作業スペースについても、使用する器具によって調整します。

図2－3　植栽間隔例（経済栽培）

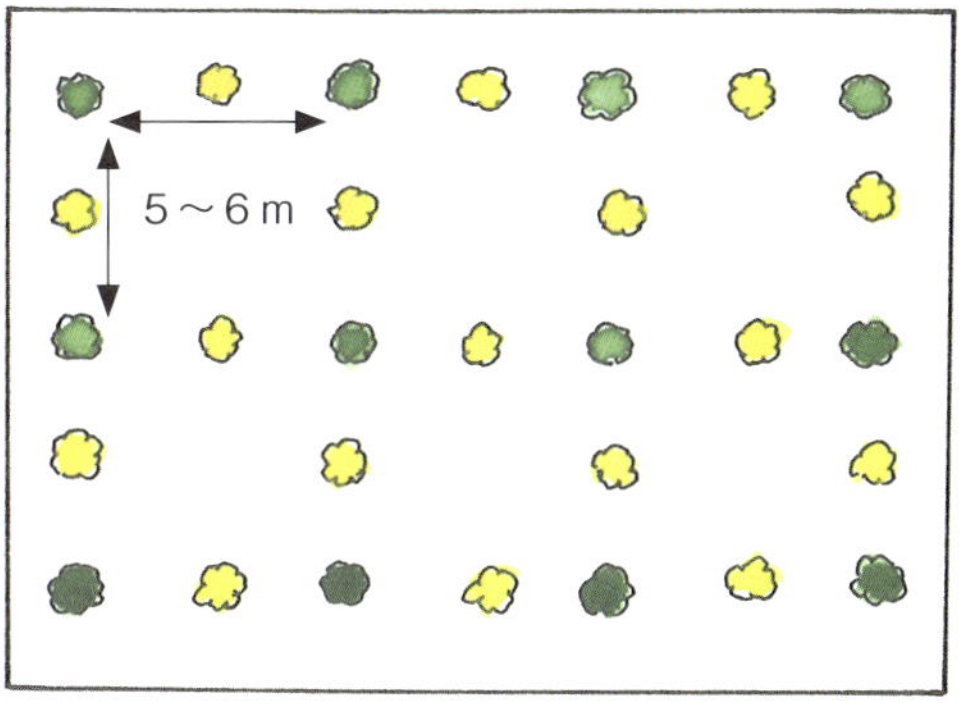

植えつけ当初は収量が低いので計画的な密植にし、樹が大きくなるにつれ間伐する

植えつけ前の準備

植えつけ前の土壌改良が重要

樹勢の強いレモンですが、土質が不

良な場所では生育不良になってしまいます。初期生育が悪いと、その後の樹の生長もなかなか進まないので、植えつけ前の土壌改良はとても重要です。

植えつけ後の苗木の生育は、根が生長しやすい土壌であるかにかかっています。土に適度な空気・水を含ませるために完熟堆肥などの有機物を、また土壌のpH《ピーエイチ》を矯正するために苦土石灰などの石灰質肥料を施用します。農作物を栽培していなかった土地に植栽する場合は、肥料成分も不足していると考えられますので、微量要素入りの溶成リン肥も併せて施用します。

土壌改良剤の施用目安は、植え穴（1m幅で深さは40㎝程度）一つにたいして、完熟堆肥10kg、苦土石灰1kg、溶成リン肥0・5kgです。

土壌改良剤は、植えつける1か月以上前から施用し、土になじませておきます。施用後は、植え穴とその周辺を耕起することで土中深くまで改良でき、土中にすきまができ、根も伸びやすくなります。

図2－4　苗木の処理

〈素掘り苗〉

接ぎ木部から約40㎝の高さで切り戻す
接ぎ木部
傷根や太めの直根を最小限、剪除

〈ポット苗〉

根をほぐし、太めの根は新しい根が出やすいように先のちぎれた部分を切り直す。新しい根の発生を促す

そのほかの準備

植えつけた苗を風などから保護するために、支柱を用意しておきましょう。また、畑の整備もあらかじめおこなっておきましょう。水はけを確認（穴を掘って水を張り、1日後に確認）し、悪い場合は畝立てをします。

植えつけ時の苗木処理

水揚げ

素掘り苗の場合は、掘り取られてから入荷するまでの過程でやや乾燥した状態になっているので、活着をよくするため、植える前に一晩、根を水に浸けて水揚げをしておきます。ポット苗では必要ありません。

根の調整

素掘り苗の場合は植える直前に、掘り取られたさいに傷んだ根がないか確認し、あれば切り取っておきます。太い根を切る場合は切り口が横向きになるようにしましょう。根が再生し伸び

植え穴を掘ったりして植えつけの準備

るときに下に伸びると直根が土深くに入り、樹勢が強くなりすぎてしまいます（図2・4）。

ポット苗の場合は、植える直前にポットから取り出し、根をじゅうぶんにほぐしておきましょう。

切り戻し

1本の主枝が伸びている苗木は、接ぎ木部から約40cmの長さで切り戻します。切ろうとする部位に輪状芽がある場合は、その下で切り返します。

この切り戻しは、これから枝になる芽の数を減らし、そのぶん残した芽にじゅうぶんな養分や水分を与えるための処理で、そうすることによって、植えつけ後の生長の勢いがよくなります。また、切り戻しをすることによって、その位置から枝の分岐が始まるので、のちの樹高を抑えて低く仕立てるための処理でもあります。

すでに切り戻しがされていて、数本の主枝に分かれているような大きな苗木の場合は、それぞれの枝先を10cmくらい切り戻すとよいでしょう。

図2－5　苗木の植えつけ方

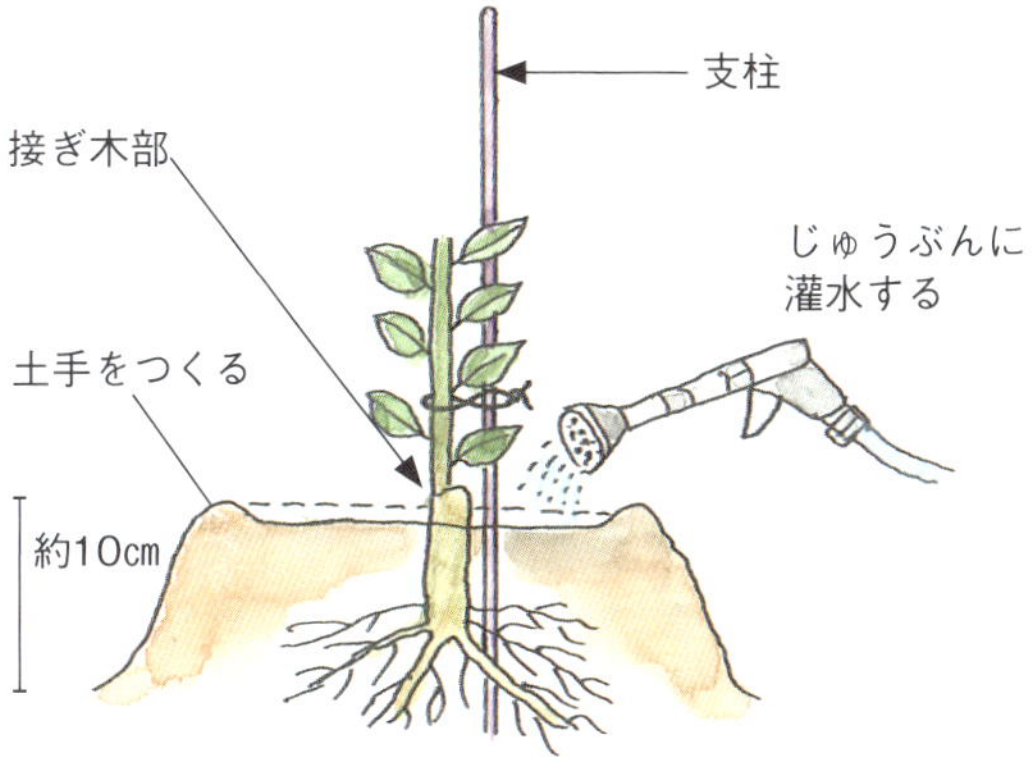

植えつけの手順

苗木の植えつけ（図2・5）の手順を述べます。

❶接ぎ木部が地面の上に2cmくらいになるように調節して植え穴を掘る。接ぎ木部まで埋まってしまうと、自根（レモンの枝から発生する根）が発生し、樹勢が強くなりすぎて着花しにくい状態になってしまう

❷とくにポット苗の場合は、ポット内で巻いていた根をよくほぐし、根をからませないよう広げながら、下から順に土を根の間にていねいに入れていく。覆土したら、土と根を密着させるよう少し押さえる。最後まで覆土した

植えつけのポイント

①植え穴を掘る

②ほぐした根を植え穴に入れる

③土をかけ、手で押さえる

④全体に土をかける

⑤接ぎ木部を出す

⑥水鉢にたっぷり灌水する

⑦植えつけ終了

ら、あらためて接ぎ木部が地面の上に2㎝くらい出ることを確認する

❸覆土したら、水がたまるように土で水鉢（ウォータースペース）をつくり、そのなかに灌水する

❹支柱は、1年生苗木の場合は根元を固定させ、主幹部を支えるためにまっすぐに1本、2年生以降は主枝候補枝の育成のために2～3本を斜めに立て、誘引する。誘引ひもは苗木に食い込まないよう八の字にして少し緩めに結ぶ

植えつけ後の水分保持

植え傷みの原因は植えつけ時の水不足であることが多いため、たっぷりと灌水しましょう。

また、土壌水分の保持のため、黒ポリシートを被覆する方法もあります。畝立てをした全面にマルチするか苗木周辺のみをマルチします。これによって雑草の発生を抑え、除草作業を省力化することもできます。マルチに十字の切れ目を入れて雨水が入るようにしておきましょう。

移植のポイント

建物の増改築や引っ越しなどで、移植しなければならない場合もあります。移植の時期は、植えつけの適期と同じです。樹の掘り上げ方や植えつけ方について紹介します（図２‐６）。

地上部の剪定

樹形を考え、小枝を間引いたり太枝を整理したりしますが、大きく切り縮めないようにします。

掘り上げ方

若木や成木は、根巻きをしないで移植できます。

まず、幹のまわりを丸く掘り、細根を掘り上げ、やっかいな直根ははさみ、のこぎりで切ります。

植えつけ方

若木や成木の植えつけ方は、苗木の植えつけ方に準じますが、長い根がある場合、あとから掘り穴を広げて根を収めます。日焼けや乾燥を防ぐために灌水し、仮支柱を立てて固定します。

（小川哲也、大坪孝之）

図２－６　大苗、若木の移植の仕方

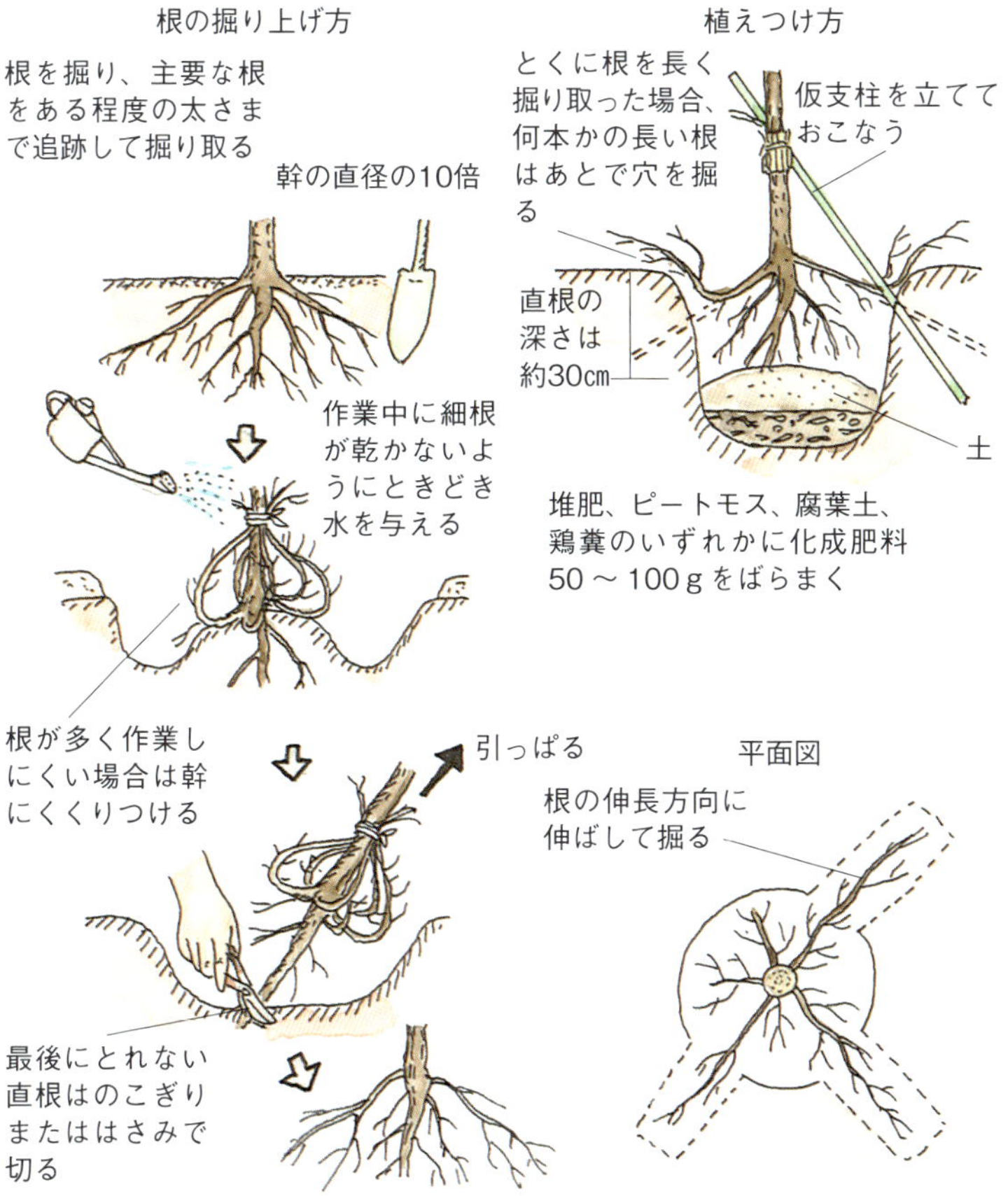

根の掘り上げ方
根を掘り、主要な根をある程度の太さまで追跡して掘り取る
幹の直径の10倍
作業中に細根が乾かないようにときどき水を与える
根が多く作業しにくい場合は幹にくくりつける
引っぱる
最後にとれない直根はのこぎりまたははさみで切る
植えつけ方
とくに根を長く掘り取った場合、何本かの長い根はあとで穴を掘る
仮支柱を立てておこなう
直根の深さは約30㎝
土
堆肥、ピートモス、腐葉土、鶏糞のいずれかに化成肥料50～100ｇをばらまく
平面図
根の伸長方向に伸ばして掘る

結実開始までの育成管理

育成管理のさいの留意点

植えつけ直後から活着、結実開始までの育成管理には、つぎのようなことが必要となります。

スカーティング

苗木のまわりにあんどんのように囲いをつくることをスカーティングといいます。これをすることで内部の温度が高まり、生育が促進されます。必須ということではありませんが、とくに寒い地域で栽培する場合は、植えつけ直後から一時的に設置しておくとよいでしょう。

スカーティング

堆肥で乾燥防止

育成期の施肥

植えつけ直後は根傷みしやすいため、施肥は植えつけ1か月後からおこないます。

根傷みを防ぎつつ肥料成分を効かせるには、有機配合肥料（窒素8％程度）を使用します。2か月に1回の割合で10月まで1年目は1回当たり一握り、2年目は二握りの分量を施用します。緩効性のロング肥料（140日タイプ）を使用すると年1回の施用で済み、省力的です。

カミキリムシ対策

カミキリムシは樹幹部に産卵し、幼虫が樹の内部を食害するため、ひどい場合は枯死してしまいます。

カミキリムシ対策には、幹周辺の除草をこまめにおこなって産卵しにくい環境にすること、幹にネットを設置して産卵を物理的に防ぐ方法などがあります。

液肥の葉面散布作業

夏秋枝の生長を促す

幼木の樹冠を拡大させるには、春芽だけでなく夏秋枝も利用します。夏秋枝の伸長を促し葉数を増加させるには、液肥の葉面散布が効果的です。葉面散布には、窒素主体の液肥を使用します。

　また、夏秋枝にはミカンハモグリガ、アブラムシがつき、葉が縮れるなどの被害をもたらします。夏秋枝の生長を促すために、液肥の葉面散布と併せてこれらの害虫の防除も重要です。産地では、これらを7～10日間隔で実施しています。

結実開始は3年後から

　実をならせる時期の目安として、植えつけ後3年目くらいまでは樹冠拡大のため、着果させないほうがよいでしょう。花がついた場合は摘み落とし、着果させないようにします。花を見残してなった果実は、早めにすべて摘果しておきましょう。

　4年目以降、じゅうぶんに葉数が増えてきたら着果させることができます。

（小川哲也）

レモンの樹形と仕立て方

最適な樹形を見いだす

　樹形によって、受光条件や作業性など複数の事柄が左右され、そのことが樹の一生をとおして、ずっと影響し続けます。そのため、永年作物である柑橘類を含めた果樹は、樹形づくりがとても大切です。

　ただし、レモン栽培に取り組まれる方の栽培背景は、さまざまでしょう。仕立てる樹形にはそれぞれに一長一短があるので、一概に「この樹形によるつくり方が万全」といえるものはありません。自分の栽培目的や環境などから、最適な樹形を見いだし、トライしてください。

開心自然形

特徴　字のごとく心（樹の中心部）を開き、樹の中央部へも太陽光が取り込めるようにした樹形で、上から見て円形、横から見て台形に近い形になります。品質的にばらつきの少ない果実が収量多く収穫できるため、レモンを含めた柑橘類の栽培産地では、開心自然形と呼ばれる樹形を用いる場合が一

開心自然形（優良園）

図2－7　開心自然形の仕立て方

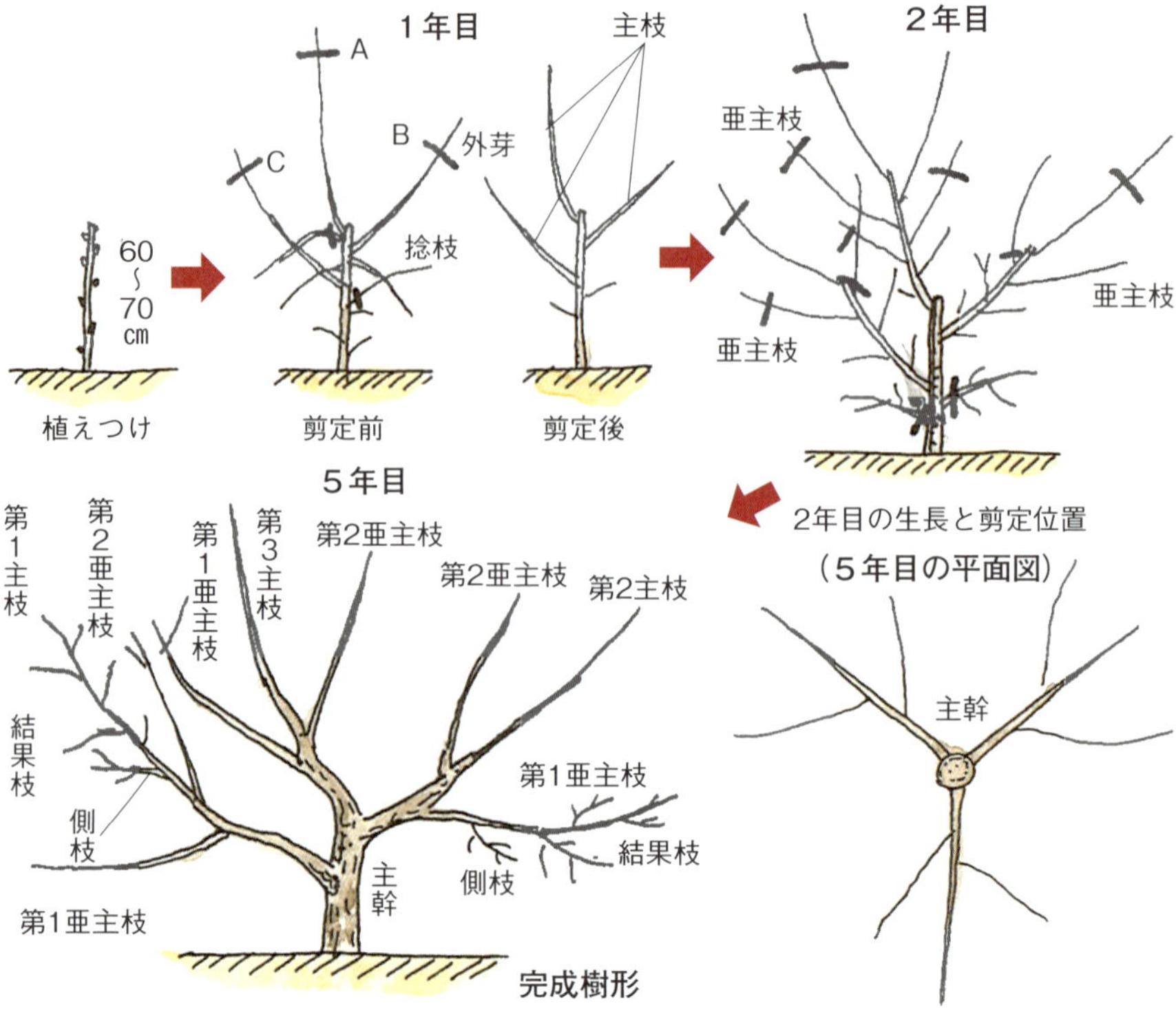

注：①1年目は主枝3本をとり、そのほかの枝は捻枝や摘心をおこなって強く伸びないようにする。主枝の間隔はA、Bは接近してもよいが、B、Cは15㎝くらい離す。冬季剪定で主枝を2分の1から3分の1ほど切り返す

②2年目からは、主枝の上に亜主枝をつくる。3～4年間で1本の主枝に亜主枝2本、計6本ほどをつくり、この要領で主枝、亜主枝を延長する

般的です(**図2－7**)。

仕立て方　地上から垂直方向に伸びる枝を将来の主枝候補として、3本程度育てます。主枝は家を支える柱の役目を担いますので、弱々しくなく勢いのそろった枝を選択しましょう。

植えつけ2年目以降、樹の中心部から外周部へ伸びる横枝をまずは自然に配置し、数年後から順次作業性などを考えて枝の配置を整えていきます。

双幹形・主幹形

特徴　レモンは柑橘類のなかでも樹の勢いがよく、樹も大きくなりやすい種類です。開心自然形だと、植えつけ場所として、少なくとも縦横5m、高さ3mの空間が必要です

もっと樹をコンパクトに仕立てたい場合は、主枝を2本とする双幹形(Y字形、U字形)や、1本とする主幹形を用います(**図2－8**)。

樹が大きくならないぶん、開心自然

形より収穫量は少なくなりますが、家庭の庭や鉢植えでの栽培には、こちらの仕立て方のほうが適している場合もあります。

仕立て方　開心自然形と同様、植えつけ1年目は主枝候補を育てていきます。双幹形であれば勢いがよくそろった2本を、主幹形であれば1本を伸ばします。双幹形の場合には、2本の主枝間隔は30度程度の開きを保ちます。

2年目以降の仕立て方は開心自然形と同様に、樹の中心部から外周部へ伸びる横枝をまずは自然に配置し、数年後から順次作業性などを考えて枝の配置を整えていきます。

図2－8　双幹形・主幹形の仕立て方

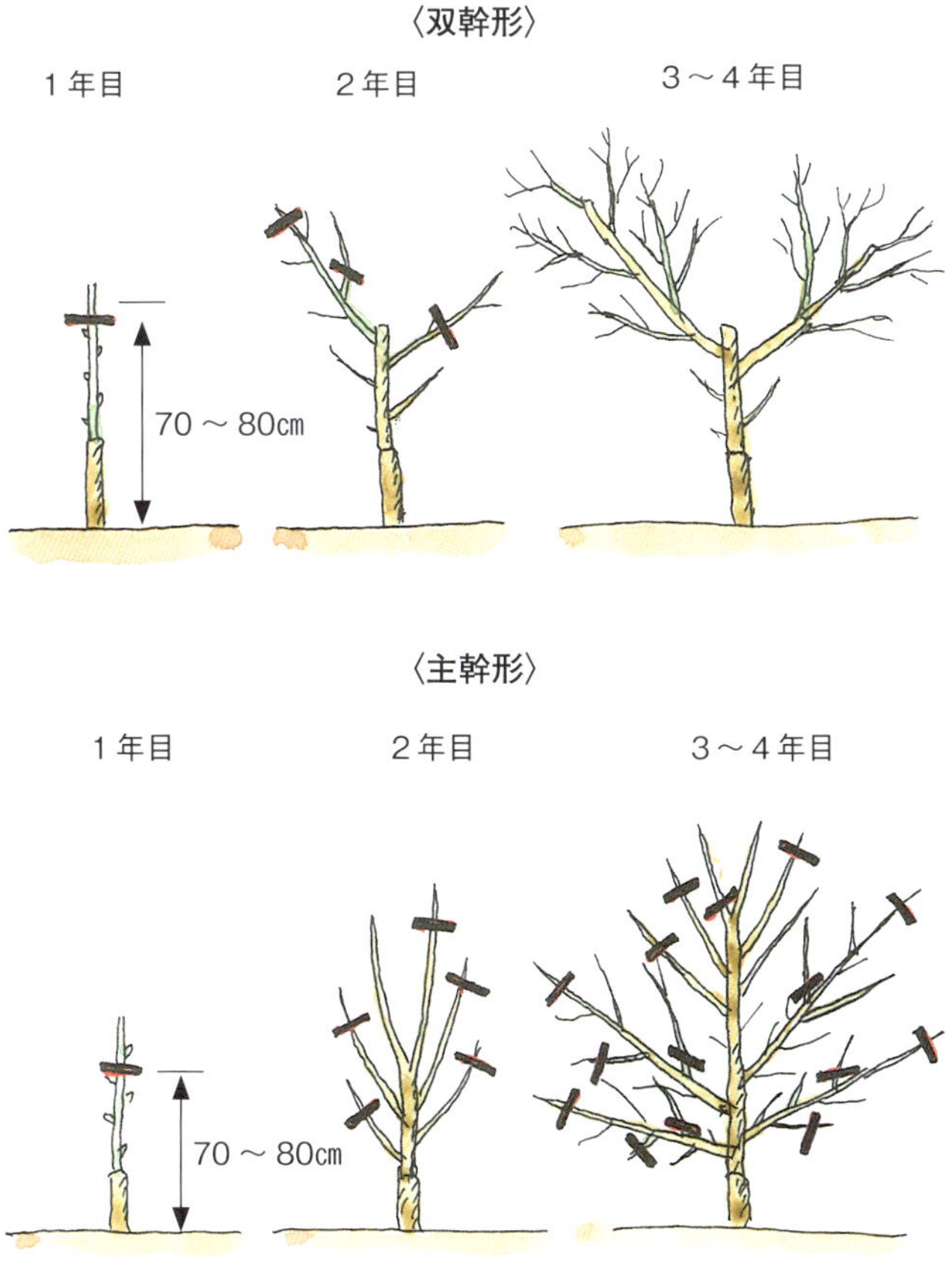

アーチ仕立て

広島県農業技術センターでは、最近、アーチ仕立てによるレモン栽培法を開発しました。大木化したレモンは、収穫をはじめとする栽培管理に労を要しますが、アーチ仕立ては年間を通じての栽培管理が省力化できるように考案されたものです。

アーチ仕立てにはアーチ型の支柱が必要となります。資材費の初期投資がかかるため、まだ栽培産地での普及は多くありませんが、たとえば自宅にカーポートがあれば、それに枝を這わせてレモンをならせることができたら、なかなか素敵なものとなります。

（山根和貴）

整枝剪定のねらいと切り方

良果をならせるために

レモンは、自然な生長にまかせていると、樹の高さが3ｍを超えます。

また、枝が繁茂してくると樹冠内部に日光が届きにくくなり、樹の内側の小枝は枯れてなくなります。そうなると、果実がなる部位は樹の外側表面だけという、非常に効率の悪い樹になってしまいます。

さらに、枝は、幹から遠く離れるほど弱くか細くなるため、そこになるレモンの実は少しの風でも揺れ、枝葉と擦れて傷がつきやすくなってしまいます。

これはレモンにかぎらず果樹全般にいえることですが、そうはならないように枝の配置を整えたり、枝の短縮や除去によって、①管理しやすい樹形にし、②生産効率のよい樹にすることを目的におこなうのが、整枝剪定です。良質な果実を毎年安定的にならせるために自分が考える理想的な樹形に形づくっていく作業です。

レモンは永年作物ですから、気長に数年かけて、理想樹形に整えていきましょう。

管理しやすい樹形にする

切り方の基本

間引きと切り返し

枝の分岐点で側枝を切除する切り方

図２－９　間引き剪定と切り返し剪定

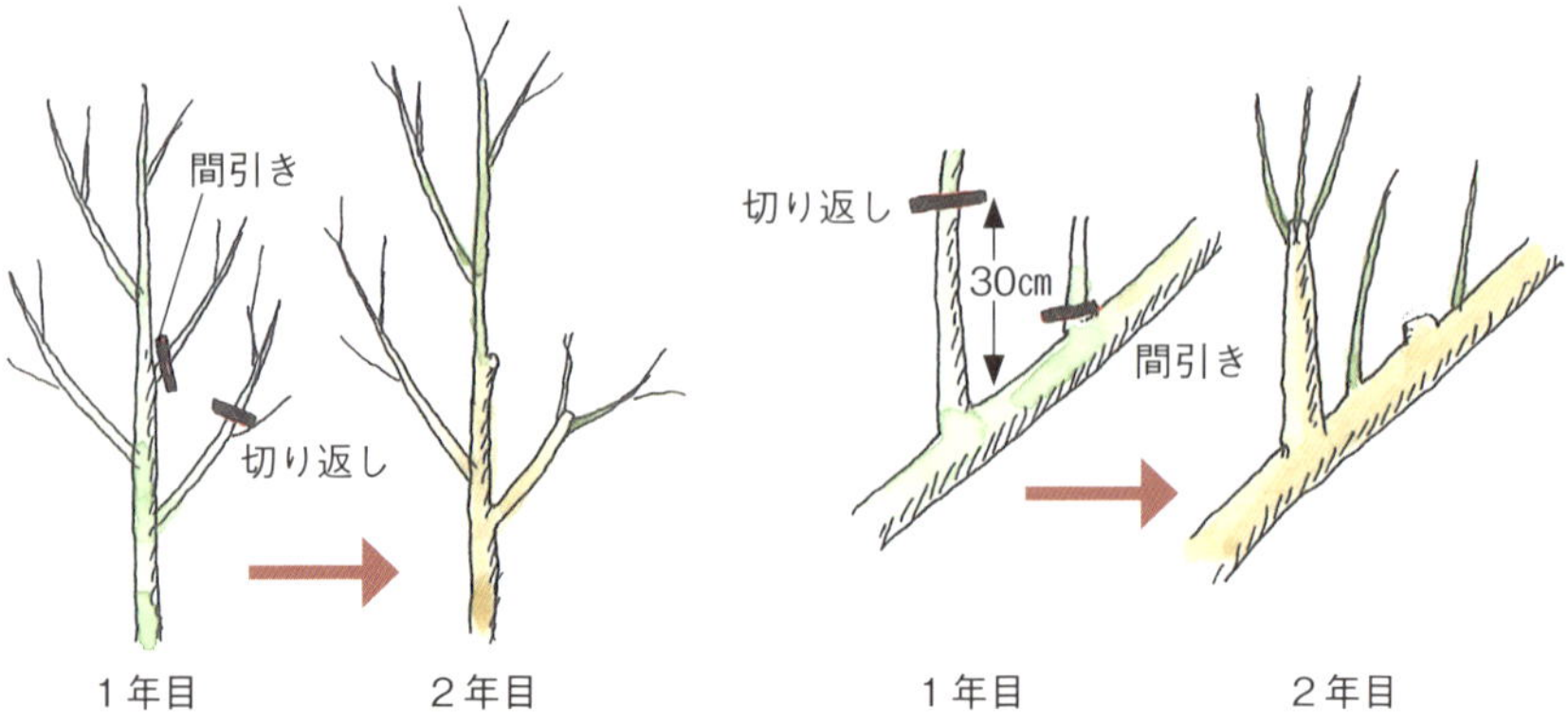

を間引き剪定、それにたいして枝を途中から短縮するように切除する切り方を切り返し（切り戻し、切り詰めともいう）剪定と呼びます（図２-９）。

剪定後、春には新しい芽が発生しますが、間引き剪定では弱い芽が多数発生する傾向があるのにたいし、切り返し剪定では発芽数は少ないものの強く長めの新枝を得ることができます。同じ「枝を切る」という行為ですが、あとの樹の反応が両者で異なります。

なお、枝にも細枝、太枝があり、切り方の基本（図２-10）があります。

剪定の程度

剪定の程度は、もともとあった葉の20%～30%程度の量を切り落とすのが適当です（図２-11）。あまり一度に落としすぎる（剪定しすぎる）と、樹が弱ってしまうことがあり、逆に少なすぎる（剪定が足りない）と、枝の込み合いが解消できず整枝剪定の所期の目的を果たせません。

とはいえ、20～30%程度というのはセオリーであって、どんな状態でもそれでよいわけではありません。たとえば、なんらかの原因によって落葉して葉があまりついていない樹の20～30%を剪定してしまっては樹が弱り切ってしまい、大きくなりすぎてしまった樹の高さを短縮したいときに20～30%と

図２－10　枝の切り方の基本

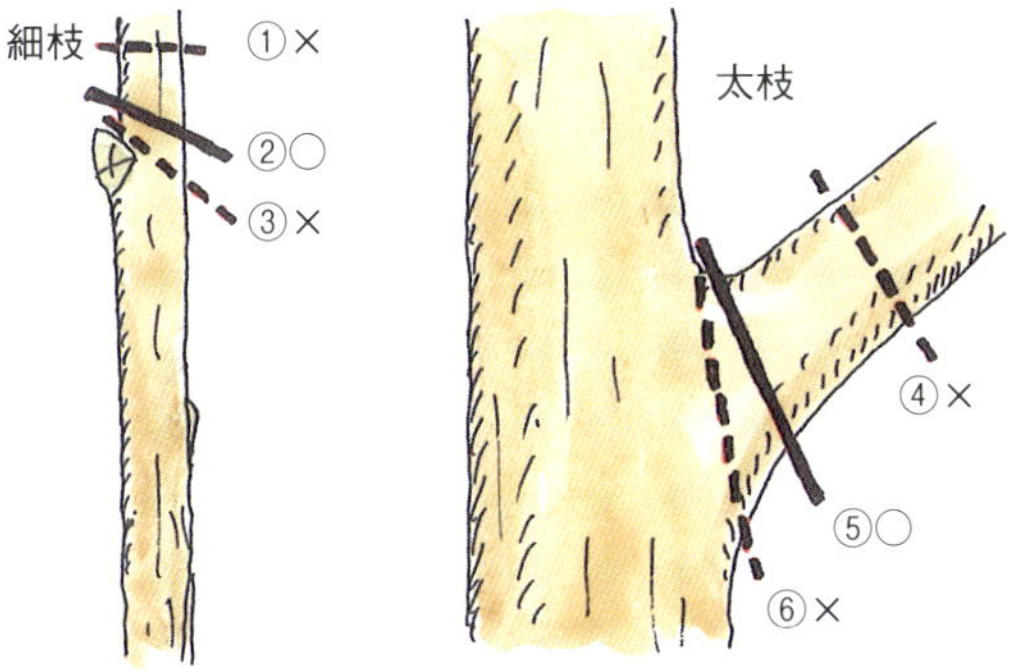

①芽から離れた位置で切ると、芽から上部が枯死し、癒合が悪い
②適正な切り方
③切る位置が花芽に近すぎると、芽が乾燥し枯死しやすい
④あまり離れた位置で切り、柄（ほぞ）を長く残すと、その部分が枯死して、癒合がよくない
⑤適正な切り方
⑥切り口が大きくなりすぎて癒合がよくない

出所：『果樹栽培の基礎』杉浦明編著（農文協）

図２－11　レモン樹の整枝剪定例

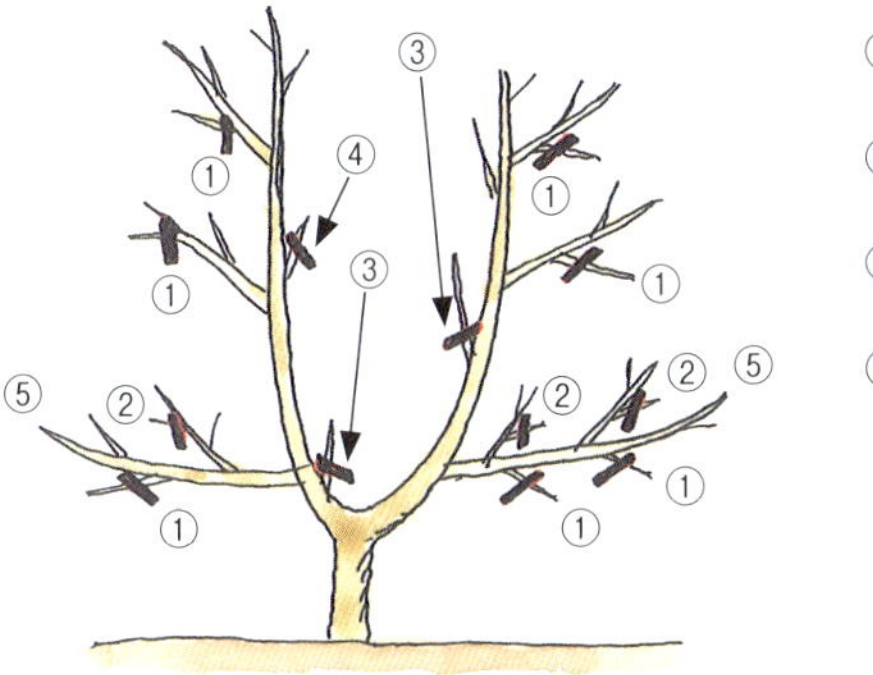

①下垂枝を間引いて横枝を確立させる
②果実がなって、下垂枝となったら間引く
③④の内向枝は早めに剪除する
⑤の亜主枝の先端は、やや上向きにして、亜主枝上の背面上向枝を発生させないようにする

注：『レモン栽培の一年』（JA広島果実連）をもとに作成

図２－12　枝の誘引による整枝

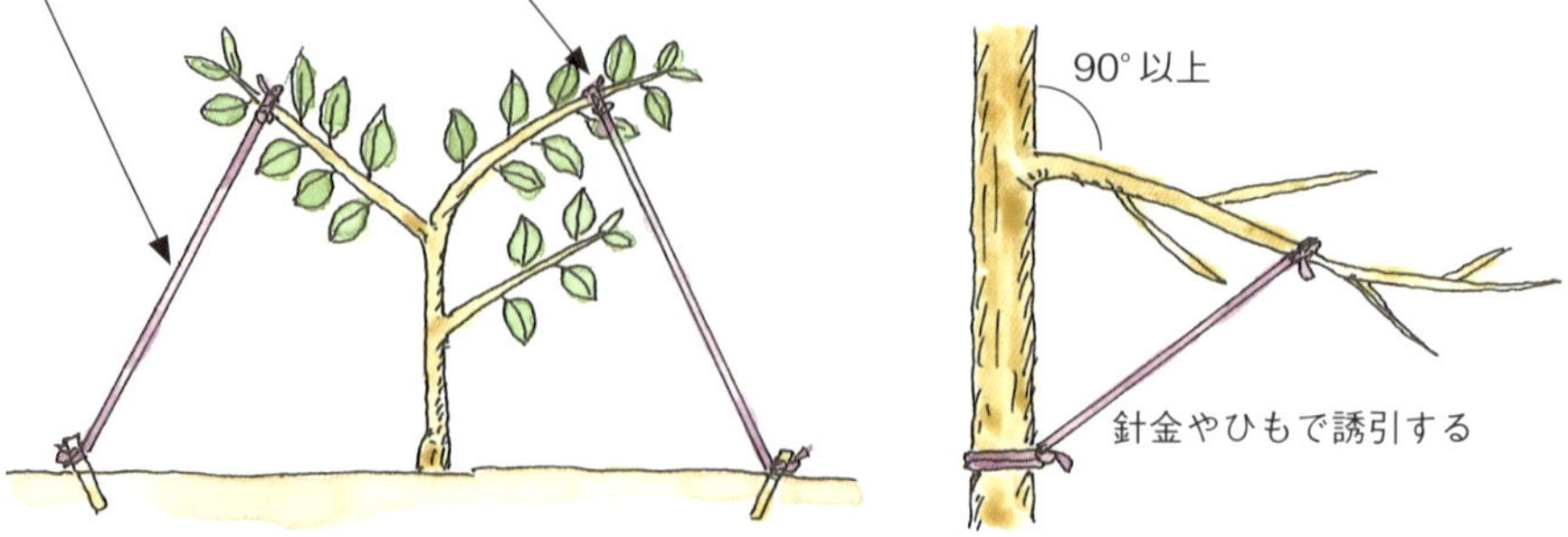
枝を開くように
誘引する
主になる枝２～３本をひもで
誘引する
主枝以外の枝は水平、または
やや斜め下に誘引する

いうセオリーを気にしていては目的を果たせません。

このようにケースバイケースの場合が実際にはありますが、基本的に20～30％の切り落としが無難と考えておきましょう。

作業時期

整枝剪定は、柑橘類の樹の生理からいえば、休眠期である2～3月に実施するのが適当です。

たとえば瀬戸内の島しょ部では、レモン以外の柑橘類は4月初旬に春の新芽が発生する時期を迎えるため、休眠期である2月から3月に整枝剪定作業に入るのが一般的です。ところがレモンに関しては、早い人で3月から、遅い人は5月にかけて作業を実施しています。これは果実の収穫終了時期が園地によって異なるからです。

本来の時期に整枝剪定作業をおこなった樹と比べて、発芽後の4～5月に作業した樹は、長く伸びすぎる芽が少なく、樹の勢いが落ち着くようです。樹に勢いがありすぎて、樹が大きくなりつつある樹では、わざと作業時期を遅らせて勢いを抑えこむのも、テクニックの一つです。

枝の誘引

レモンは、柑橘類のなかでは比較的枝が立ち上がりやすい（上方向に伸びようとする）性質です。そのため、腰のあたりの高さに水平に伸びる横枝が欲しくても、枝を切るだけでは思いどおりの枝が確保できにくい場合があります。

そうしたときには、枝をロープなどで誘引しての枝づくりをおこないます（図２‐12）。その枝がもともと占めていた場所に新たな空間が発生するため、誘引による整枝は、横枝づくりと空間づくりが同時にできて、一石二鳥です。

樹高の切り下げ

樹が大きくなったり高くなったりし

図２－13　樹高の切り下げ例

〈樹形があまり乱れていない場合〉

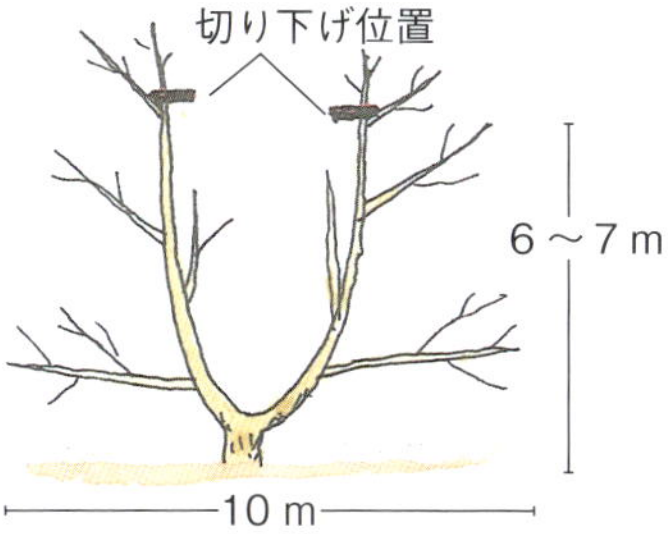

〈樹形が乱れている場合〉

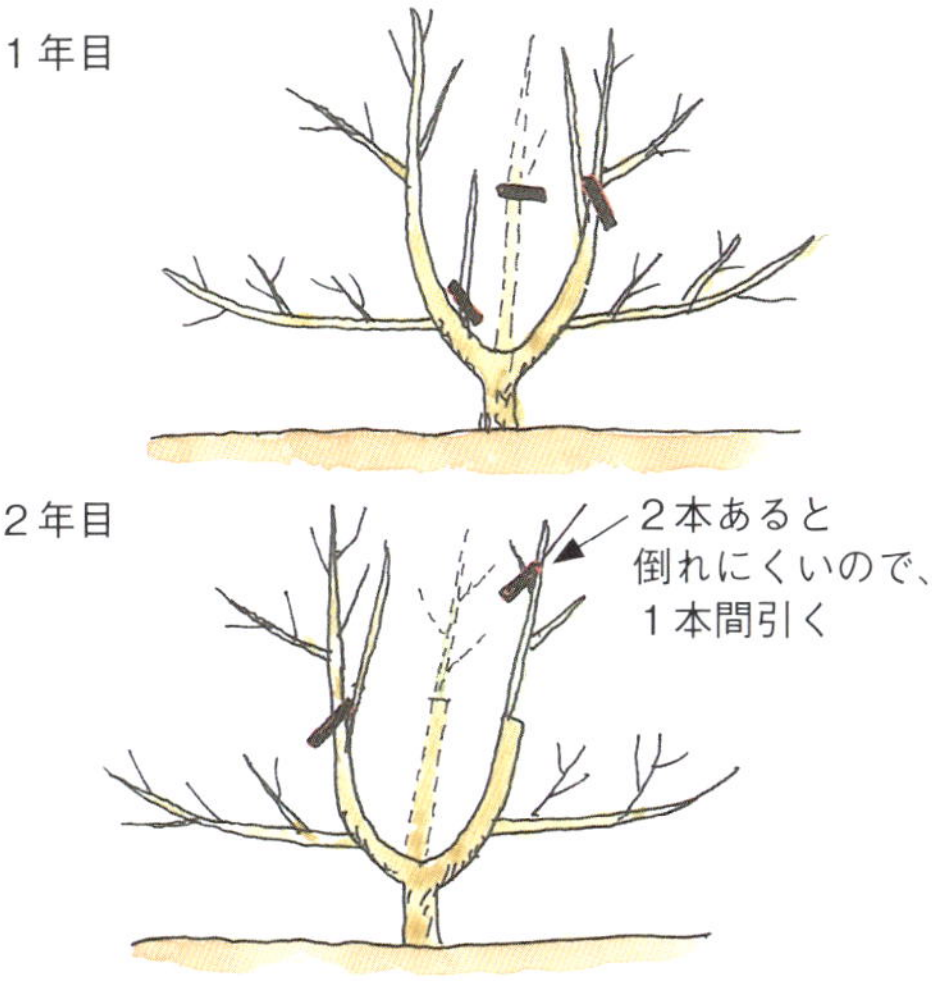

出所：『レモン栽培の一年』（JA 広島果実連）

誘引した枝からの新梢

誘引で木の股が裂けないように結ぶ

た場合は、栽培管理に労力がかかり、無効容積が増えるだけで収量が上がりません。

そこで、2～3年計画で主枝を短縮したり剪除したりして、樹高を切り下げて樹形を改造していく必要があります（図２－13）。

整枝剪定は臆さずトライを

初めて果樹栽培にトライされる方、まだ経験年数の浅い方の多くは、この整枝剪定作業がとっつきにくいと感じられるようです。

たしかにプロ農家は整枝剪定作業の重要性の認識が高く、その成功談、失敗談などの話に花が咲くことも多いので、経験の浅い方が臆するのも無理ないこととも思えます。

しかし、最終目的である「良質な果実を毎年安定的にならせる」ことは、整枝剪定だけではなく、摘果や施肥、ときには灌水ほか年間をとおしての栽培管理作業が加わって、初めて成功に至るものです。

逆にいえば、整枝剪定作業の結果がうまくいかなくても、摘果やその後の作業でその失敗はフォローすることができます。ぜひ、臆さずに整枝剪定にトライしてみてください。

（山根和貴）

芽かきによる夏秋枝の処理

夏秋枝を処理する理由

レモン栽培では通常、幼木以外では夏秋枝（夏枝、秋枝のことで夏秋梢ともいう）は利用せず切除します。切除する理由はつぎのとおりです。

- 樹が大きくなりすぎるのを防ぐ
- 内部の枝に太陽光を当てる
- 夏秋枝にはかいよう病が発生しやすく、病気を蔓延させない
- 春枝を充実させる
- 果実肥大を抑制させない

適期の芽かき

そうならないためにおこなう作業という意味では整枝剪定と同じですが、枝を切るのではなく、まだ軟らかい新梢を手でかきとる作業のことを芽かきといいます。幼木の樹冠拡大時期を除き、成木の夏秋枝を芽かきして、コンパクトな樹に仕立てます。

芽かきの時期と方法

6月以降はミカンハモグリガの食害が始まる時期で、気温も高まり夏秋枝の発生が旺盛になります。そのため、6月以降に発生する夏秋枝を芽かきします。夏秋枝の発生は、おおむね9月いっぱいまで続きます。

レモンは摘果にかける時間がほかの柑橘類よりも少ない半面、発芽期間が長いため、芽かきに多く時間を割く必要があります。

発生直後の夏秋枝は軟らかく、春枝と夏枝の境目（芽つぼ）の上を手でかきとることができるので、発生のつどかきとります。ただし、幼木を育てる場合は芽を1本残して芽かきをし、緑化を促します（**図2‐14**）。

労力的に発生のつど切るのが困難な場合は、10月中旬以降に夏秋枝の発生がおさまってから一回ですべてを剪定ばさみで切り取ります。枝の背面から発生する直立した徒長枝は樹形を乱す

ミカンハモグリガの被害

図2－14　成木と幼木の芽かき

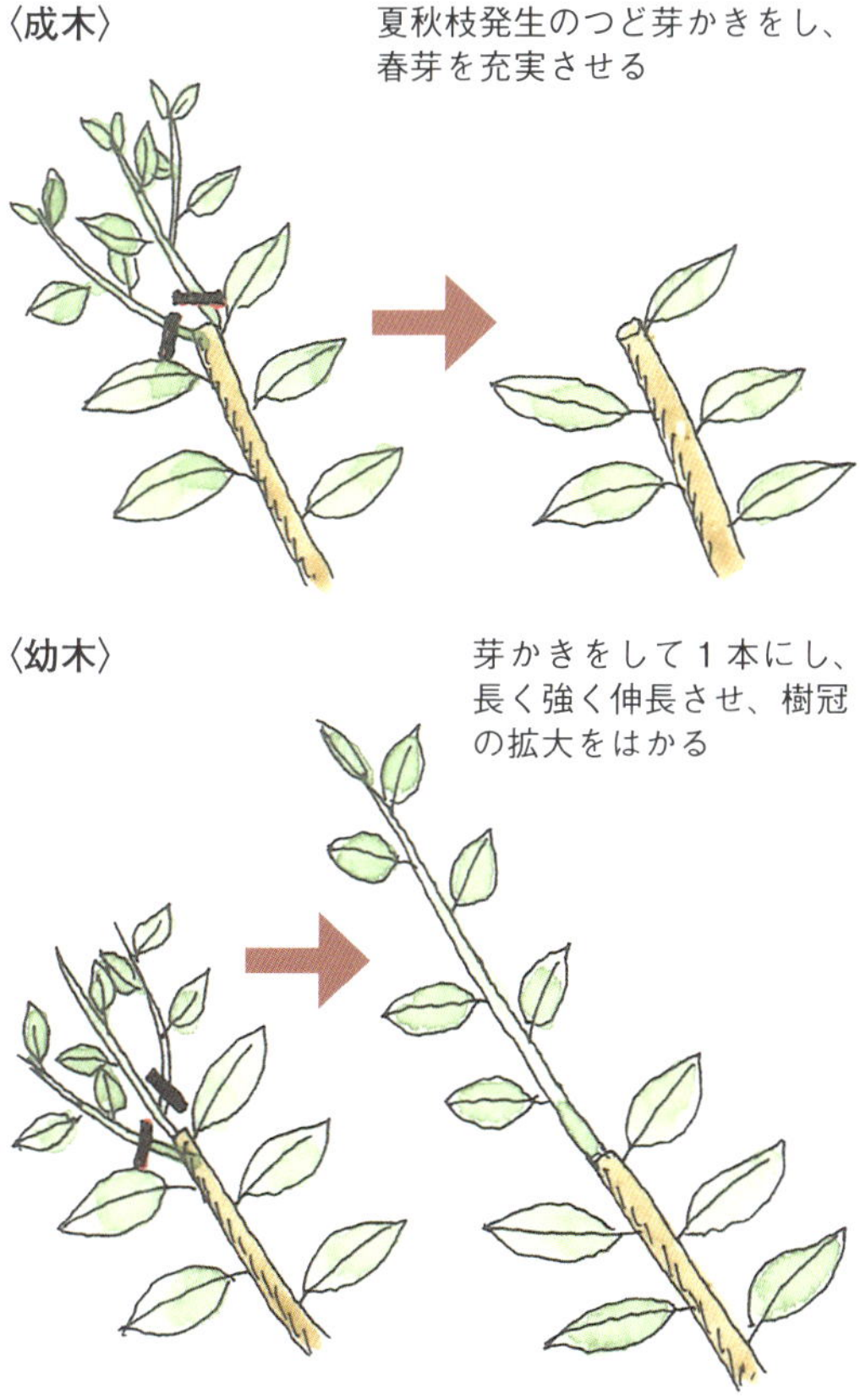
〈成木〉
夏秋枝発生のつど芽かきをし、
春芽を充実させる
〈幼木〉
芽かきをして1本にし、
長く強く伸長させ、樹冠
の拡大をはかる

夏秋枝の芽かき前

夏秋枝の芽かき後

剪定ばさみによる夏秋枝処理

原因となるので、発生基部から除去します。

芽かきをおこなうメリット

樹形の維持のみなら秋に一括で処理してもよいですが、こまめに芽かき作業をすることには大きなメリットがあります。

　夏秋枝の処理時期が早いほど、養分消耗が少なく、春芽が充実し、葉が大きくしっかりした枝になります。枝が充実することによって果実肥大も良好になり収量も伸びるし、余分な枝がなければ樹冠内部に光が入り、内部の側枝が確保できて着果量も増えます。着果が増えることで夏秋枝の発生も減ります。

　また、かいよう病は9月いっぱいは感染するので、夏秋枝を放置することで病気が拡大してしまうおそれがあります。病気の発生源抑制の面でも芽かきは重要です。（赤阪信二、小川哲也）

果実肥大と摘果のポイント

果実肥大の特性

果実の肥大を司る主要素は、温度と土壌水分です。

7月の生育初期には個体差がありますが、その後、夏から秋にかけてはどの果実も10日で3～4㎜のペースで、秋から冬にかけては10日で2～3㎜のペースで果実が大きくなります。

栽培産地が出荷規格として収穫を始めるのが横径55㎜以上であり、肥大の早い果実では9月10日にはそれに達しています。

摘果の目的

通常、柑橘類の摘果は、隔年結果抑制や、果実肥大の促進などを目的におこないます。しかし、レモンは規格の大きさに達した果実から収穫していくため、摘果して果実肥大を促す必要はありません。

しかし、樹上で越年させる量が多すぎると、寒波被害などを受けやすくなります。寒波被害を受けると次年度の生産量も減るため、安定した量を得るためにも着果過多を防ぐ必要があります。そのためレモン農家では、摘果は樹の負担を軽くし、年内採収割合を高めるためにおこないます。

摘果の時期と対象

摘果は生理落果が終了したあと、7月下旬以降におこないます。

レモンは四季咲き性があり、5月以降も開花・着果しますが、7月以降に開花したものは果皮が粗い果実になりやすく品質が劣るため、これを摘果します。また、果実が隣り合って着果している場合、果実どうしが競合し肥大しにくくなるので、どちらか一方を摘果し、果実どうしが密着しない程度に間引きます。

出荷目的で栽培する場合は、病害虫

花弁が落ちたあと

柱頭が落ちた直後

手作業で摘果

図２－15　間引き摘果と部分摘果

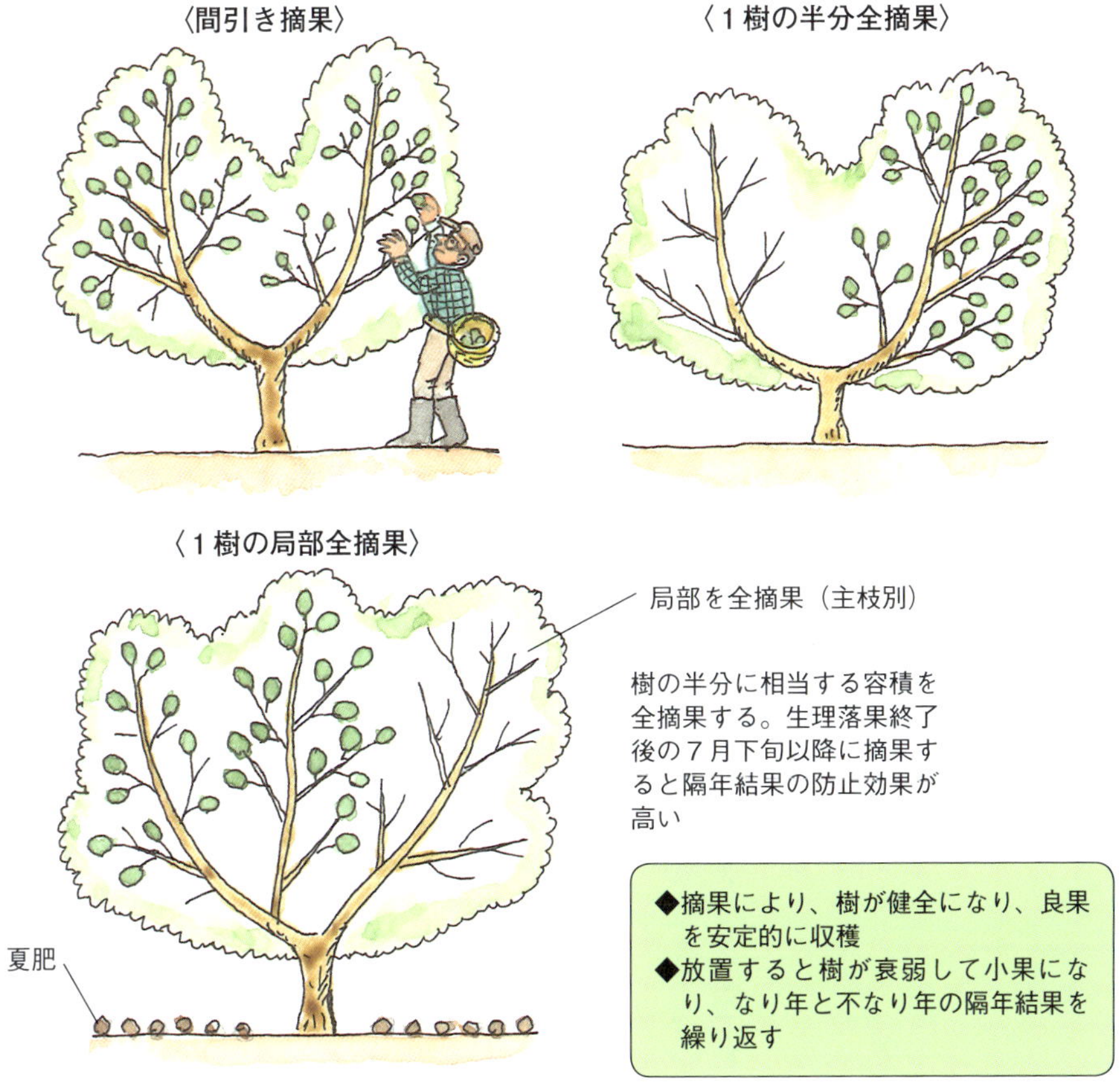
〈間引き摘果〉
〈１樹の半分全摘果〉
〈１樹の局部全摘果〉
局部を全摘果（主枝別）
樹の半分に相当する容積を全摘果する。生理落果終了後の７月下旬以降に摘果すると隔年結果の防止効果が高い
夏肥
◆摘果により、樹が健全になり、良果を安定的に収穫
◆放置すると樹が衰弱して小果になり、なり年と不なり年の隔年結果を繰り返す

の被害が出ている果実や、擦れ傷を生じた果実、奇形果など、規格外になる果実を摘果することがあります。

レモンは、内なりの果実ほど果皮が滑らかで薄く品質がよくなるので、光が当たらないからといって摘果する必要はありません。

なお、庭先栽培では、時間があれば摘果の前に摘蕾（花）をしたほうがよいでしょう。不完全花を中心に多すぎる花蕾を除きます。

摘果の方法

摘果には、間引き摘果と部分摘果があります（**図２－15**）。

一般におこなわれているのが間引き摘果で、生理落果が止まったときに１樹全体を均一に間引きし、摘除する方法です。

間引くさいに目安になるのが１果当たりの葉数（葉果比）。夏ミカンが１果を生長させるのに80～１００枚の葉が必要なのにたいし、レモンは温州ミカン同様に25～30枚の葉が必要とされるといわれています。

大きな樹の枚数はいちいち数えきれないので、木ごと枝ごとのボリュームをとらえ、残す果実数の目安を判断して摘除します。

また、部分摘果は1樹の半分、もしくは局部を全摘果したり、1樹のうち主枝・亜主枝単位か、直径3㎝以上の側枝単位かで40～50％を摘果したりする方法です。

なお、一部の主産地では露地栽培での二番果は全摘果し、春花果のみの結果としています。また、年内出荷比率を高めるため、7月下旬で果実の横径26㎜以上（デジタルノギスや計測板などで計測）のものを目安に残すようにしています。

（小川哲也ほか）

土壌管理のねらいと方法

土壌管理の考え方

レモンは排水性がよく、弱酸性の土壌を好みます。

肥料を多く必要とする作物ですが、硫安、塩安、塩加、硫加などの「硫」や「塩」のつく肥料を施用したり、降雨により石灰や苦土が流れ出して土壌が酸性に傾く（pHが下がる）と、レモン栽培に適した土壌ではなくなります。そのため、土の通気性や排水性をよくすることと併せて、土壌改良をおこなうことが大切です。

苦土石灰を施す

土壌改良の方法

レモンは、水やりだけでも育ちますが、水やりだけでは必要な栄養成分の吸収が悪くなり、葉色の黄化や落葉、芽の伸びが悪くなるなど、生育に悪い影響を与える原因となります。

樹のなかに必要な栄養素をバランスよく吸収させるためには、苦土石灰や堆肥を施用する必要があります。

苦土石灰で弱酸性に矯正

苦土石灰に入っている石灰は、主に土壌が強酸性とならないようにレモンの好む弱酸性へ矯正し、苦土は葉の黄化防止や肥料成分のリンを植物内に移動させるなど、たくさんの役割を担っています。

苦土石灰は1年間に最低でも10㎡当

たり1kg程度が必要です。2月ごろに施用するのが一般的です。最近では、牡蠣殻を砕き、高温乾燥させた資材を使用している地域もあります。

堆肥で土壌のバランス調整

レモンに適した土壌とは、土のなかの空気と水分がバランスよく整っていることです。ほどよく水分があり、通気性をよくすることで根がよく伸び、肥料も効きやすくなります。

堆肥にはいろいろな種類がありますが、できれば完熟堆肥を施用します。未熟な堆肥だと水分が多すぎることと、肥料分が多いことから根が枯れるなど、生育の弊害をおこす可能性があります。また、鶏糞は堆肥でなく肥料に分類されます。

春先に一気に伸びるナギナタガヤ

ナギナタガヤを刈って敷いた園地

堆肥の施用時期は、苦土石灰同様に2月が一般的です。土壌が乾燥しやすい園地は、夏場の水分保持にも役だちます。

下草管理と有機物の補給

春先に早くから地温を上昇させるためには、除草が必要です。また、草が繁茂して株元が隠れると、カミキリムシなどの害虫の住みかとなり、樹へ被害を与える可能性があります。株元周辺は、草丈が伸びすぎないように除草します。

ただし、すべての草が悪者とはかぎりません。草種によってはうまく活用できます。梅雨ごろに自然と草が倒れ、そのあとで枯れることで有機物の補給にもなるナギナタガヤのような便利な草もあります。ナギナタガヤは、草が倒れると滑りやすいために、平地や緩傾斜の園地に向いた草です。

灌水のポイント

レモンはほかの果樹に比べ、乾燥にはそれほど弱くありませんが、周年咲き性・豊産性を持つため樹勢は衰弱しやすく、水やりは重要な作業の一つです。乾燥状態が続くと、果実の肥大が鈍り、樹自体に水分ストレスによる影響が出ます。とくに夏季の水やりは必要です。

果実の肥大を促進するために、果実肥大期に灌水をおこないます。梅雨明け10日後くらいの、まだ土壌に水分がある時期から土壌表面から30㎜程度の雨量に匹敵するよう、しっかりと灌水をおこないましょう。

水の確保がむずかしい場合は、点滴チューブなどを利用した、少量の水を有効に活用する方法があります。

（糸曽尋人ほか）

肥料切れをおこさないために

生育と施肥との関係

レモン栽培では、樹の勢いが旺盛でトゲが出やすいため、肥料を少なめに施用して勢いを弱らせたり、落ち着かせようと考える傾向にあります。しかし実際は、樹が弱れば実のなりは悪くなります。

施肥量の多少は果実の収量、品質などに大きく影響してきます。勢いが旺盛な品種ほど肥料を多く必要とします。一度に多く肥料を施用するのでなく、生育と施肥との関係を理解し、年間を通じて肥料切れをおこさないようにするために、必要なときに必要な量を施すことがポイントとなります。

必要な肥料の種類

肥料は、窒素（N）、リン酸（P）、カリ（K）の3要素が主な成分となります。

窒素は、主に葉や茎の生育を促し、樹や実を大きくする役割があります。しかし、窒素を過剰施用すると、病気や害虫に弱くなったり、茎や葉ばかり育ち、実や花がつきにくくなります。逆に不足すると樹が育たなくなります。硫安、塩安、尿素などが窒素肥料にあてはまります。

リン酸は、植物の生長が盛んな部位で必要とされる要素であり、そのため芽や根の先、実に移動します。また、

有機質肥料

根元周囲に牛糞堆肥を施す

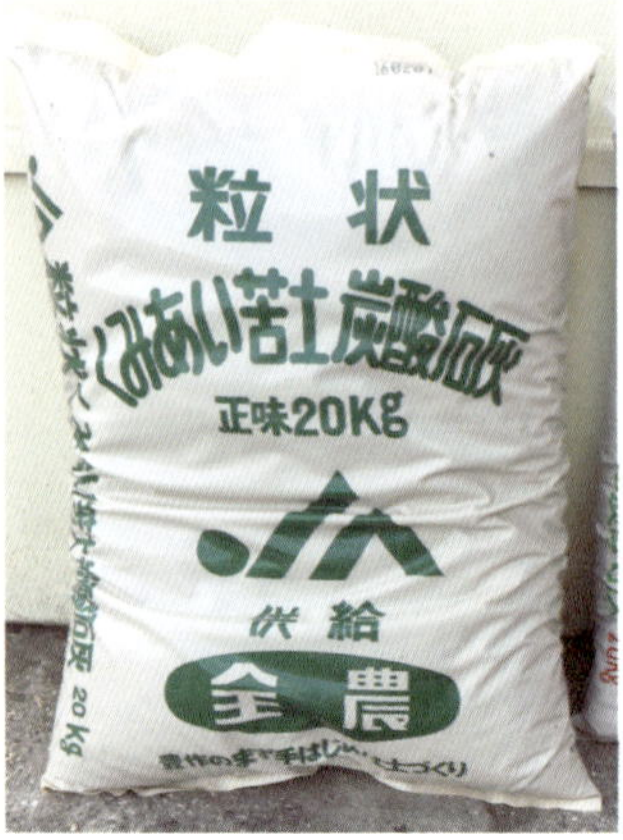

粒状の苦土石灰

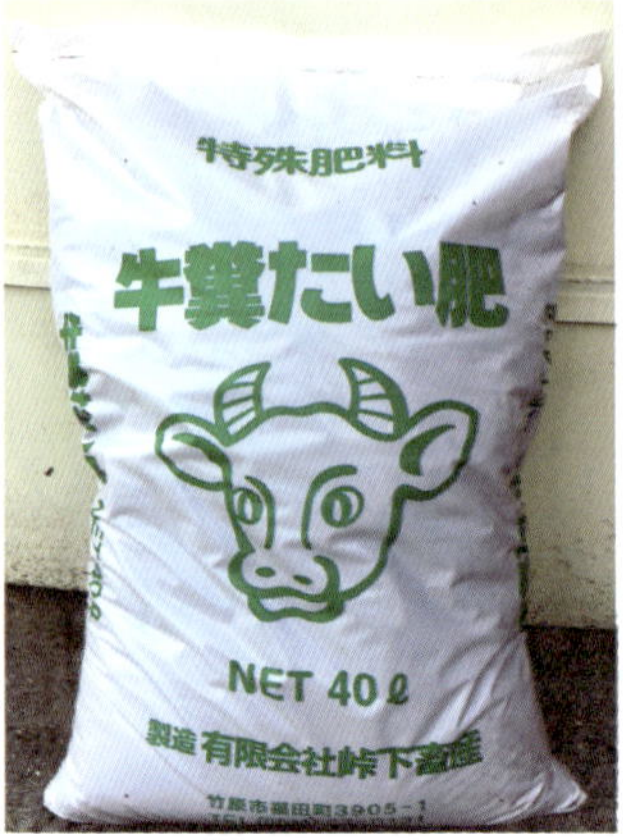

牛糞堆肥

花や実をつくるために必要な要素となります。リン酸の過剰施用は障害になりにくいのですが、欠乏すると花や実がつくられにくくなります。

化成肥料

カリは、樹の体内で糖の運搬を促したり耐寒力を向上させる役割がありますが、過剰施用すると苦土の吸収を妨げてしまいます。

肥料を施用するときは、単体の肥料を施すのでなく、3要素が配合された肥料を使うほうが失敗しません。また、配合肥料のなかでも化成肥料と有機質肥料がありますが、一般的には有機質肥料が入った配合肥料を、早く効果を発揮させたいときは化成肥料を施用します。

図2－16　施肥の時期別割合

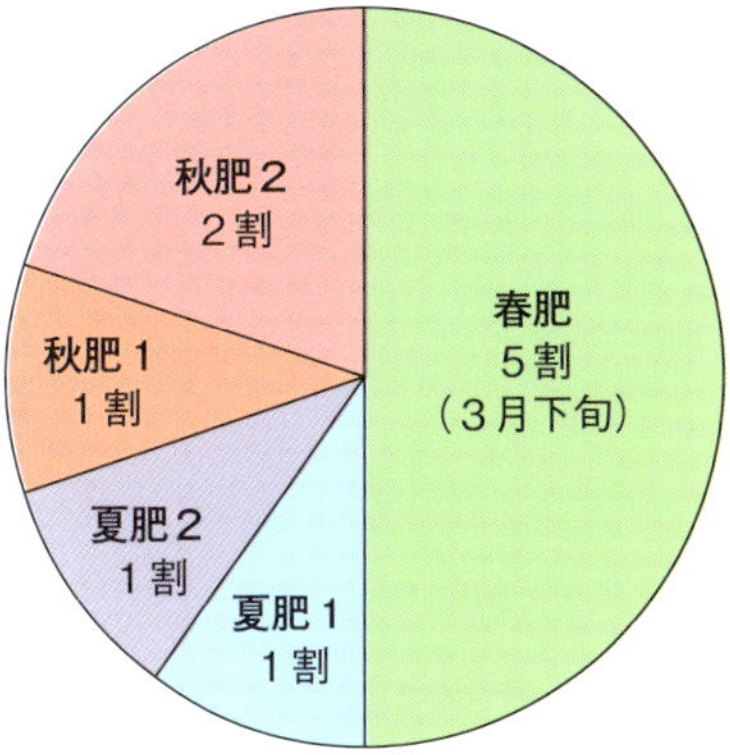

図2－17　樹冠直径の目安

施肥の時期

1年をとおして肥料を効かすために、3～10月までに5回（3月下旬ごろ＝春肥、5月下旬ごろと7月上旬ごろ＝夏肥、9月上旬ごろと10月下旬ごろ＝秋肥）に施用します。3月下旬ごろの春肥は元肥ともいい、また、10月下旬ごろの秋肥は収穫を終えていなくても礼肥《れいごえ》ともいいます（**図2‐16**）。

地温が低くなると根の動きが鈍くなり、肥料成分を吸収しにくくなることから、寒くなってからの施用は控えます。

施肥量の目安と施用

肥料袋に8―6―6などと数字が明記されていることがありますが、この数字は窒素―リン酸―カリの順で1袋あたり何%含まれているかを意味します。20kg袋で8―6―6の場合は、その袋のなかに窒素が1・6kg、リン酸とカリがともに1・2kg含まれていることとなります。

レモンの場合、年間に必要な肥料の量は収穫量1tにつき窒素成分で12kgとなります。これを肥料成分が8―6―6の20kg袋の肥料で換算すると、年間に必要な肥料の量は7・5袋（150kg）となります。それを年5回ほぼ均等に施用します。3月と10月に全体の30%、5月、7月、9月で全体の70%を均等に施用するのが理想です。

苗木など樹が小さいときは株元にまんべんなく施用しますが、樹が大きくなって実をつけるくらいになったら、根が多くある場所（樹の外周下からやや内側くらい）に施用するように心がけます（**図2-17、表2-2**）。

成木1樹当たりの収穫量60kgを目標に肥料を施す場合は、1樹当たり年間に必要な窒素成分量は500gです。これを肥料成分が8―6―6の配合肥料で換算すると、1年間に1樹当たり約6kgの肥料を施用することになり、それを年間5回に分けて施用します（**表2-3**）。

表2－2　庭先栽培の施肥量目安

施肥時期	肥料の種類	樹冠直径			
		0.5m	1m	2m	4m
2月（春肥）	骨粉入り油かす1	200g	300g	1,000g	5,000g
5月（夏肥1）	緩効性化成肥料2	20g	30g	100g	500g
7月（夏肥2）	緩効性化成肥料2	20g	30g	100g	500g
9月（秋肥1）	緩効性化成肥料2	20g	30g	100g	500g
11月（秋肥2）	速効性化成肥料3	40g	60g	200g	1,000g

注：①1はN-P-K＝5-3-2など、2と3はN-P-K＝10-10-10など
②一つまみは3g、一握りは30g
③出所：『よくわかる栽培12か月レモン』三輪正幸著（NHK出版）

表2－3　成木の施肥目安（経済栽培）

区　分	3t収量　kg			4t収量　kg		
	N	P	K	N	P	K
3月下旬～4月上旬	6	5	5	8	6	6
5月下旬～6月上旬	8	6	6	9	7	7
7月上旬～7月中旬	8	6	6	9	7	7
9月上旬～9月中旬	8	6	6	9	7	7
10月下旬～11月上旬	6	5	5	8	6	6
合　計	36	28	28	43	33	33

注：①N＝窒素、P＝リン酸、K＝カリ
②JA広島果実連肥料委員会（2005年）

液肥の葉面散布

レモンは、環境によって栄養分の欠乏症が出やすい作物です。欠乏症が出ているようならば、葉から吸収させるほうが効きが早いので、液肥の葉面散布をおこないます。葉面散布は、肥料成分を吸収する気孔が多くある葉裏をねらって散布します。

（糸曽尋人）

よくおこる要素欠乏の対策

要素欠乏になりやすい

施肥の項でも紹介しているとおり、生長が旺盛であるレモンは、多くの肥料を必要とする大食らいの作物です。そのためレモンは、栄養不足や栄養バランスの変化に影響を受けやすいのです。単純に、施肥量がレモンの要求量に足りていないと、いわゆる栄養失調になります。要素の過不足は葉に現れるので、葉の観察である程度判断できます。

ここでは、柑橘類に出やすいマグネシウム欠乏（苦土欠乏）とマンガン欠乏をあげておきます。

葉の黄化症状

苦土石灰

主な要素欠乏の対策

マグネシウム欠乏（苦土欠乏）

最初は葉脈間が、徐々に葉全体が黄色っぽくなって樹勢が弱まるような症状、また冬季に落葉が多く見られるような場合は、光合成をおこなう葉緑素の原料であるマグネシウムの欠乏かもしれません。柑橘類は、このマグネシウム欠乏になりやすい作物です。

原因は二つあり、一つはマグネシウムの絶対量が不足している場合、もう一つはマグネシウムはじゅうぶんにあるのにカリが多すぎるため、拮抗によりマグネシウムの吸収が抑えられている場合です。

マグネシウム欠乏の対策としては、冬季の苦土石灰の施用が基本となります。症状が激しい場合は、葉面散布用のマグネシウム剤を施用するとよいでしょう。

マンガン欠乏

葉全体が黄色っぽくなるのではなく、葉脈に沿って緑が残るように黄化している症状が見られる場合は、光合成をサポートするマンガンが欠乏しているかもしれません。これも柑橘類でよく見られる症状で、ひどくなると、葉に白い壊死斑《えしはん》（斑点状に枯れている様子）が見られるようになります。

マンガン欠乏の対策としては、マンガンを含有する肥料を施用することが基本ですが、症状が激しい場合は、葉面散布用の硫酸マンガン溶剤を施用するとよいでしょう。

（大坪孝之）

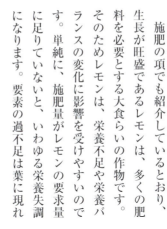

果実肥大・成熟と収穫のコツ

果皮色の変化と成熟

10月半ばから果実肥大の勢いが衰え、このころから果実は、生長から成熟の過程に移ります（図２‐18）。

この時期の果実内では、光合成でつくられた糖成分をはじめ、ビタミンやポリフェノールなど種類豊富な機能性物質が徐々に蓄えられ、果肉の色が白色から徐々に黄味を帯びた乳白色へと変化していきます。

一方、果皮の着色は濃いグリーンが徐々に薄れて緑黄色に、やがてレモンイエローに変色します。当地（ＪＡ広島ゆたか管内）では完全にレモンイエローに変色するのが12月中旬ですが、それまでの時期に収穫され市場で流通する果実を一般的にグリーンレモン（イエローレモンに比べ、酸味が強い）と称して販売されています。

ときどき、「グリーンレモンの栽培方法を教えてください」「グリーンレモンの苗木はどこで売っていますか？」などの問い合わせを受けることがありますが、けっして違う品種ではなく、同じレモンが時期によって呼ばれ方が違うだけなのです。

収穫する果実の大きさは、産地では横径55㎜以上を目安にしています。横径を計測するときに、デジタルノギス（商品名デジパ）や穴のあいた計測板などの器具を使用します。

果皮色の状態

グリーンレモン

緑黄レモン

イエローレモン

図２−18　レモンの果実肥大

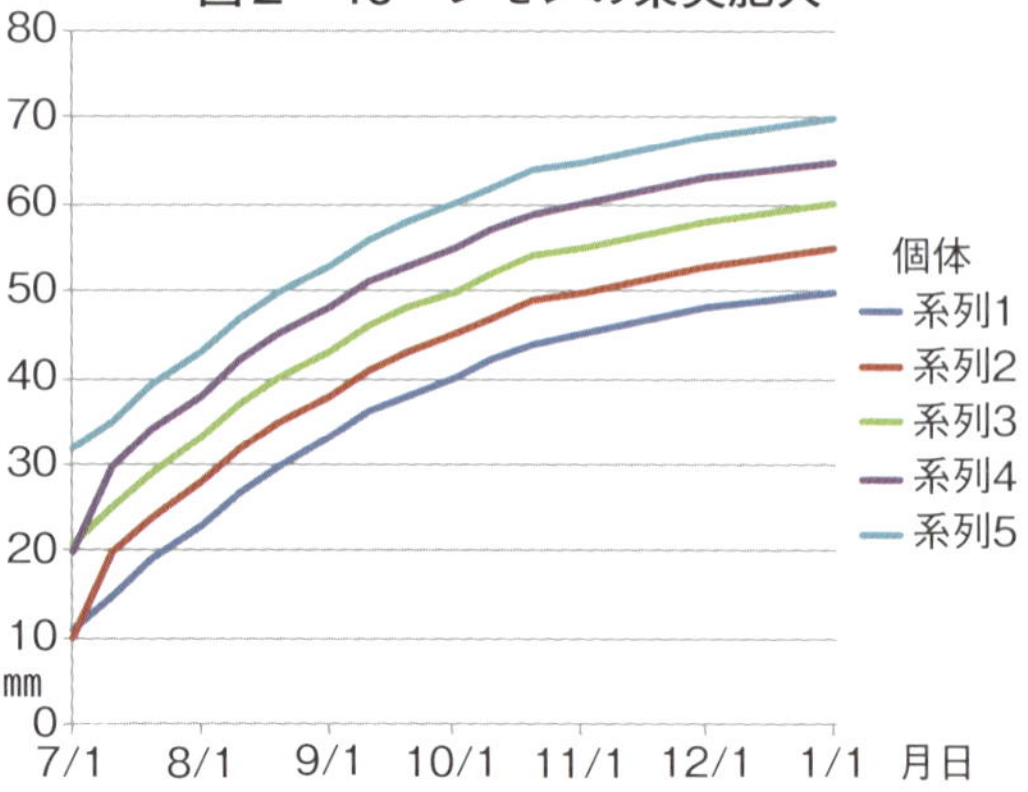

果実の状態を見て収穫する

デジタルノギスで計測する

計測板で大きさを計測

収穫の時期とコツ

収穫の時期とタイミング

収穫時期はグリーンレモンが10～11月、イエローレモンが12月～翌年4月です。産地ではイエローレモンの出荷は、4月まで継続して収穫したものと1月までに収穫を終えて貯蔵したものとを併行しておこないます。

レモンのセールスポイントとして、そのさわやかな香りがあげられますが、香りは主に果皮内のオイル成分に含まれています。果皮色がグリーンの間はそのオイル成分が多いため、グリーンレモンでは香りの強いレモンが味わえます。グリーン色が薄れイエローに変わっていくにつれて、今度は糖成分やミネラル成分が蓄積されてくるため、まろやかな酸味であとを引く味のレモンに変化していきます。

同じ酸っぱいレモンですが、収穫時期によっておこる微妙な違いも楽しみの一つです。

果梗を二度切りする

果梗は二度切りで

レモンの果梗（軸）は意外に太くて硬いため、手で引っ張ってももぎ取ることはできません。

採果ばさみなどを使って、果梗をへた上部から1～2㎝残した状態で枝から切り取ります。切り取ったあと、さらに果梗を残さないようにへた上部から切り除きます。

果梗の二度切りをおこなうのは、果

梗の先端がほかの果実の果皮に当たって傷をつけたりすることのないようにするためです。

選果後の箱詰め

果実を集荷施設へ搬入

果実の収穫・出荷

産地の生産者は出荷規格に達した果実から順々に収穫し、コンテナに入れてＪＡの集荷施設などへ搬入します。これらは順次市場に出荷されますが、一定の量が貯蔵出荷用果実として確保されることになります。

また、レモンは年明け後も果実を収穫しないで樹上でそのまま越冬させると、３月下旬ごろからの気温の上昇に伴い、ふたたび肥大を始めます。この二次肥大を待って収穫し、収穫量の上積みをはかります。

遊び心でボトルレモン

ボトルレモン

完成写真を見てください。どうやってつくるのでしょうか？

正解は、幼果のとき（ボトルの口径より果実が小さいとき）に、なっている枝の葉をむしりボトルに差し込んでいるのです。

雨水をためないためボトルの口が下を向くように固定しなければならないので、上向きになっている果実を選択するとセッティングしやすいと思います。あとは果実の生長を待つばかりですが、そのままでは夏にボトル内の温度が異常に上がり、果実が障害を受けますので、アルミホイルでボトルを包んで保護してください。無事に果実が肥大すれば、枝から果実を切り離して、できあがりです。

焼酎やウィスキー、ブランデーを入れて楽しみます。もちろんほかの方にプレゼントにしても喜ばれること請け合いです。

（山根和貴）

収穫後の貯蔵のポイント

予措で2～3か月の貯蔵

柑橘類のなかでレモンは貯蔵性の高い種類で、果物のなかでも腐りにくいほうです。とはいっても、レモンは一度に大量消費するものではないので、せっかく庭先や鉢植え栽培で果実を収穫したレモンは、なるべく日持ちさせたいものです。

レモンにかぎらず食品が腐ってしまう要素は温度、湿度、菌です。この三要素をどうしのぐかが、レモンを長持ちさせる秘訣です。たとえば冷蔵室にしまい込む冷房貯蔵は温度対策、果実を一定期間乾燥させて果皮を少ししなびさせる（専門的には予措《よそ》という）湿度対策によって、それぞれレモンを腐りにくくしているわけです。

家庭では、つぎのような貯蔵法をおすすめできます。

まず、果実は収穫後にむきだしのまま3～5日間日陰（室温）に置き、果皮を少ししんなりさせる予措をおこないます。その後、少量の場合は1個ずつポリ袋に入れます。数が多い場合は、浅箱に広めのビニールシートを敷き、並べて入れてビニールを軽く折りたたみます。こうして物置きなどの冷暗所に置くと、2～3か月は優に貯蔵できます。

さらに長く貯蔵したい場合は、ビニール袋に入れた果実を冷蔵庫の野菜室で貯蔵するとよいでしょう。貯蔵の適温は7℃です。これより低すぎると果皮が黒変し、高すぎると腐敗するおそれがあります。

簡単な予措

むきだしのまま日陰に置く

浅箱に入れ、ビニールなどでくるむ

産地での貯蔵例

4月までなら軒先でも保存可能

筆者のところ（広島県呉市）では、露地栽培のレモンを10月から収穫しはじめ、翌年の4月ごろまで家の軒先（日が当たらず、風通しがよい）で、袋や新聞紙などに入れない裸果の状態で保管しています。保管といえば聞こえがよいですが、実質はポンと置いているだけです。冒頭で触れたように、レモンはもともと保存性が高い果実ですから、この期間は日中の気温がそれほど高くなることも、湿度が高くなることもなく、腐敗を促進するような環境になることが少ないので、これでじゅうぶん日持ちします。

日が当たらないことは必須ですが、そのような保管場所でもし風通しがあまりにもよい場合は、過度なしなびで新鮮さが低下するのを防ぐため、裸果の状態でなくポリ袋や新聞紙に入れて保管してください。

4月半ば以降は冷蔵庫へ

4月半ば以降、シャツ一枚で過ごせるような日が現れてきたら、保管方法も変更が必要です。

筆者の家では、二〜三重の新聞紙にくるんで、冷蔵庫の野菜室に放り込みます。一果ずつ別々にくるめば、よりていねいなのですが、めんどうなのでそこまではせず、複数個のレモンを一つの包みにくるんで保存し、必要な数だけ取り出して使用しています。

樹上での保存法

もっとも果実を腐らせない方法は、収穫せずに木にならせておくことです。収穫期に果実に新聞紙をかけ、袋閉じ状にホチキスを打っておけば万全ですが、木にならせておいたままでも腐ることはなく、貯蔵の手間と気苦労がいりません。

冬に氷点下になる日が続くような場所では、果皮が障害を受けたり、ひどい場合は果汁に苦味が生じてしまうのでおすすめできませんが、そういう立地条件でなければ、樹上での貯蔵も選択肢の一つとしてください。

周年供給の実現へ

鮮度保持フィルムで個包装

JA広島ゆたかでは「国産レモンの周年供給」という生産・販売振興策を打ち出しています（**図2-19**）。10月からの露地のレモン、冷房貯蔵したレモンやハウスレモンをリレーして周年供給を実現し、これによって国産レモンの認知度は大幅に向上しました。

２０１７年5月から、レモンの呼吸作用をコントロールして鮮度を保つことができる鮮度保持フィルムによる個包装などを選果場で実施して、夏場の出荷に万全を期しています。

夏場はレモンの消費量そのものが増大するので販路に困ることはなく、生

図2－19　レモンの周年供給（広島県の例）

種類＼月	1	2	3	4	5	6	7	8	9	10	11	12
露地栽培	イエローレモン	イエローレモン	イエローレモン	イエローレモン	イエローレモン					グリーンレモン	グリーンレモン	緑黄レモン／イエローレモン
施設栽培							グリーンレモン	グリーンレモン	グリーンレモン			
個包装（貯蔵）						イエローレモン	イエローレモン	イエローレモン				

イエローレモン　緑黄レモン　グリーンレモン

注：個包装は鮮度保持フィルムによる（夏場対策）

産農家のレモンによる所得増大につながっています。

JA間の提携貯蔵・出荷

このサイクルのなかで「中継基地」として重要な役割を担っているのが、JAあづみでの冷房貯蔵です。

個包装の実施

個包装の果実を計量

包装作業

包装済みの果実

夏季こそレモンの需要は底堅く、大量のレモンを貯蔵する冷蔵庫が必要ですが、あいにくJA広島ゆたかは需要を賄《まかな》うほどの大きな冷蔵庫は保有しておらず、使途にかなう冷房貯蔵庫を探していました。

JAあづみは長野県安曇野《あづみの》市と松本市の一部をエリアとするJAですが、当地ではリンゴの生産が盛んで「安曇野りんご」として全国的に知られたブランドを誇る産地です。

リンゴ用に使用する冷房貯蔵庫を複数所有していますが、リンゴでの使用はほぼ年内で終了するため、JA広島ゆたかと業務提携して春先からレモン貯蔵用に用いることを快く受け入れてくれました。大型の貯蔵庫なので湿度が下がりやすいため、庫内に加湿機を設置してもらい、レモンを冷房貯蔵しています。出荷のさいには、リンゴで使用される荷づくりラインをそのまま活用し、選別から箱詰め、さらにトラックによる市場出荷までを地元の方に手伝ってもらっています。

JAあづみではふだんからリンゴやナシ、モモなど地元の果実を同様に荷づくりしているので、レモンの荷づくりに戸惑いを見せたのは最初の数日間だけで、今では全幅の信頼を置いて荷づくりと出荷をお願いしています。

年によって若干異なりますが、JA広島ゆたかでは、およそ5月下旬から7月にかけての市場供給をJAあづみの施設からおこなっています。

（山根和貴）

提携貯蔵

大型冷房貯蔵施設（長野県・JAあづみ）

主な病害虫の症状と対策

病害虫対策の基本

病害虫被害が発生する要因には、「病害虫自体の発生」「環境要因」「栽培管理の不手際」などが考えられます。いずれかの要因がなくなれば、被害が発生する頻度は少なくなるでしょう。病害虫自体の発生は、病害虫が圃場内や周辺に存在することが原因ですから、被害に至る前に発生状況をつかみ、発生を抑えることが重要です。

防除によって病害虫被害を防ぐ

病気は、菌類や細菌類が感染しておきるもので、それらは雨や風などで媒介されます。湿度の高い環境では、それを助長します。

雨で伝染するものについては予防的に薬剤散布をおこない、植物自体を病原菌から保護する必要があります。薬剤は植物の表面中心に散布し保護膜をつくります。風で運ばれ感染するものは、風の勢いを弱める必要があります。防風林やネットなどを設置する方法があります。薬剤散布はムラのないよう全体にていねいに散布する必要があります。

害虫は、発生の有無を確認してからの防除が基本です。よって圃場内での発生を予察したうえで防除し、発生密度を低く保つ必要があります。ダニ類など肉眼で確認しづらい害虫は、病気と同じように予防的防除が必要になります。

主な病気の症状と対策

黒点病

病原菌は柑橘類や周囲の樹木の枯れ枝に存在し、雨で拡散されます。果実が雨などで濡れ、乾きにくい状態が長く続くと感染しやすくなります。

果実に感染すると果皮が防御反応を示し、結果その部位に黒い点が発生します。柑橘類の果実の外観品位を損ねる主要な病気で、レモンでも発生が多い病害です

感染源となる枯れ枝が多いと発生が増えるので、枯れ枝の除去が重要です。樹上で発生する枯れ枝だけでなく、剪定した枝を圃場内に放置することも発生を増やす要因となるので園外に持ち出すようにします。

薬剤散布で防ぐ場合、5~9月の期

間に1か月間隔での散布が基本です。ただし、薬剤の効果は降雨量とともに減少するので、散布後の累計降雨量250㎜を目安につぎの散布をおこないます。

かいよう病

レモンは柑橘類のなかでもこの病気にかかりやすく、防除の必要性がもっとも高い病気です。病原菌は風雨で媒介されるため、台風などの強風があると発生が一気に増えます。

前年の罹病部位から4月以降に新枝などの部位へ感染し、感染後7～10日後に発病します。5月以降は果実へ感染していきます。感染すると葉の病斑の中央部がコルク化し、周辺が黄色くなります。

発生がいちじるしいと落葉、枝枯れなどによって樹勢が低下し、収量が減少するなど被害は甚大です。果実にも感染し、外観品位を損ねます。罹病部位が多いほど感染が増加します。罹病した枝・葉・果実が枯れなければ、病原菌自体も長期間生存し続けます。

風で枝や葉などに擦れ傷、ミカンハモグリガなどによって食害された傷からも感染します。

防止対策としては、まずは風当たりを考慮した栽培適地を選ぶことが第一で、適地であっても防風林や防風ネットによる防風対策をとり、風の影響を軽減する工夫が必要です。

また、罹病部位があるかぎり病原菌は死滅しないので、かいよう病が発生している枝・葉・果実は徹底して除去しましょう。黒点病と異なり、枯れた枝葉には病原菌は存在しないので、樹上からの除去を優先しましょう。とくに夏秋枝は感染しやすいので、芽かきをおこない除去します。

薬剤散布で防ぐ場合、3月の発芽前

黒点病

果皮に黒い点が発生

かいよう病

葉に病斑が現れる

枝の罹病部位

果実にも感染する

散布が初期感染を防ぐために重要です。果実には6月以降感染するので、5月下旬から6月上旬に防除します。台風の襲来時期には感染するリスクが高まるので、台風が襲来する前に散布しておく必要があります。

灰色かび病

柑橘類全般に発生する病気です。花びらが枯れ、それにカビが発生することで、果実表面にかさぶた状の傷が発生します。レモンは花びらが落ちやすいため発生しにくいのですが、傷ができるとその部分が突起状になってしまいます。

開花期の湿度が高いこと、花びらが落ちず果実にくっついた状態になることで発生しやすくなります。対策としては、枝ごと揺さぶり花びらを落とすことや、湿度が高まらないよう風通しをよくするなどが、効果的です。

貯蔵病害

収穫後の果実を腐敗させるさまざまな病害があり、それらを総称して貯蔵病害と呼びます。国産レモンは防腐剤を使用しないことが特徴なので、果実の収穫後の取り扱いをていねいにおこなうことが重要です。

広島県の調査結果では、果実が衝撃を受けた部位別に見ると、へたのまわりや果実の側面と比べて、先端部がもっとも腐敗しやすいようです。果実を収穫かごやコンテナに移すさいは、なるべく低い位置で衝撃が少ないよう気をつけましょう。

また、へたから病原菌が感染し、果実内部から腐敗する病害があります。これを防ぐには、へたの鮮度が落ちないようにすることが重要です。収穫の際、二度切りをしますが、このときにへたを短く切りすぎないようにしましょう。かといって、二度切りをしなかったり、へたを長く残してしまうと、ほかの果実を傷つける原因となるので、枝とへたの境目の位置で二度切りをおこなうようにしましょう。

主な害虫の種類と対策

ミカンハダニ

体長0・4〜0・5㎜で赤色のダニで、柑橘類全般を加害します。被害部位は葉と果実です。吸汁されると葉緑素が抜け、白くかすんだような色になります。大量発生すると葉の生育も悪くなり、果実の外観品位も損ねます。

発生サイクルが短く、気温が25〜30℃になると成長速度が速くなり、気づくのが遅れて大発生する場合もあります。多発すると薬剤散布してもなかなか発生量が減らないので、発生密度を少なく保つことが重要です。

対策には、天敵を圃場に放ち抑制する方法や、薬剤での防除の場合、マシン油乳剤を活用する方法があります。レモンは果実を越年して結実させる場合があることから冬季の散布はおこなわず、発生が増えはじめる3月、そして6月に散布します。夏季以降は気温上昇や樹の生育、薬剤の使用基準の関係で散布しませんが、8月以降収穫期までの発生を抑制するため8月下旬に薬剤散布をします。

ミカンサビダニ

ミカンハダニに比べて虫体が小さく体長は約0・1㎜で、発生の確認が困難なダニです。冬季は芽の鱗片内で越冬し、春芽が発芽後外に出てきます。その後は気温の上昇とともに発生が増えます。主に果実に発生し、加害された部位は茶褐色に褐変してしまい、商品価値をいちじるしく損ねます。加害されて数週間後に果皮が変色するので、被害が出た場合は、早めに対処する必要があります。

対策としては、ハダニと同様に増殖する前に防除し、密度を低く保つことが重要です。春芽の発芽後4～5月に水和硫黄剤を散布、開花期後半の5月下旬と7月に薬剤散布をします。

チャノホコリダニ

体長0・25㎜のダニで、被害を受けると果皮表面に灰色のかさぶた状の傷が発生します。レモンで被害が多く、果面全体に発生することも少なくありません。

被害発生は7月がもっとも多いですが、ほかのダニ類同様、発生密度の低いうちでの防除が重要なので、開花期後半の5月下旬の薬剤防除が重要です。ミカンサビダニと同時防除が可能です。

ダニ類

ミカンハダニ（雌と雄）

サビダニによる被害

ホコリダニによる被害

カイガラムシ類

カイガラムシ類の被害を受けると枝葉が吸汁され、枯死してしまいます。また、分泌物が原因で葉や果実にススが発生したり、果実にカイガラが張りつくことで外観品位が損なわれます。柑橘類を害するカイガラムシの代表は、ヤノネカイガラムシです。

カイガラムシは、卵→一齢幼虫→二齢幼虫→成虫の順で成長します。幼虫は歩行してほかの場所へ移動しますが、成虫になりカイガラを形成するとその場所に定着します。

戦後間もない時期は、難防除害虫とされていました。薬剤の進歩や天敵の導入などで発生は減少傾向にありましたが、近年は温暖化に伴う発生時期の変化や耕作放棄された柑橘園の増加などによって、また発生が増加しています。
　対策には、成虫には殺虫剤が効かないため、物理的に殺虫するマシン油乳剤の冬季散布がもっとも効果的とされています。ただし、レモンの場合は越年で着果させている場合もあるので、そのときは冬季の防除ができません。年内に収穫を終了させるなどの配慮が必要です。

　多発生を防ぐためには、1回目の発生時期である6月に散布し、越冬した成虫から発生する幼虫を防除することが効果的とされています。
　また、春の剪定時に虫がついている枝を除去することや、薬剤がかかりやすいよう余分な枝を間引いておくことも重要です。

このほかの害虫

アゲハ類　幼虫は食欲旺盛なので、発見したらすぐに割りばしなどで取り除きます。
カミキリムシ類　成虫は幹に穴をあけ、木くずや糞を排出します。被害部を見つけたら、穴に細い針金を挿入して刺殺する方法が効果的です。
アザミウマ類　葉裏に付着して葉を食害します。また、果梗部や果皮にも付着して加害します。果実への袋かけなどで被害を防ぎます。

（小川哲也）

害虫と被害果

ゴマダラカミキリ

アゲハ幼虫

ヨツスジトラカミキリ

アゲハ幼虫（終齢）

チャキイロアザミウマの被害果

アブラムシ（右）とテントウムシ

気象災害を防ぐために

寒害の種類と防止

レモンは低温に非常に弱いことから、寒害の対策が大切です。寒害には、つぎのようなものがあります。

寒風害

毎秒7～8m以上の寒風になると落葉が増え、翌年の着果に影響を及ぼします。これを寒風害といいます。

防風ネットで寒風害対策

対策としては、防風垣や防風シートなどで風を防ぐか、樹冠を寒冷紗やビニールシートなどで覆います。

凍害

果実や樹体が低温のために凍結することによって生じるのが凍害です。

樹上に果実が着果している場合、マイナス2℃が5時間以上続くと、果実が凍結してしまう危険性があります。果実が凍結すると苦みが出てしまい、さらに凍結が進むと果実の水分が抜けてパサパサになってしまいます。果実が凍結するような寒波が襲来する可能性がある場合は、すみやかに収穫を進めます。

また、樹体も、寒波が来襲すると着葉したまま脱水症状となって枝葉が凍結し、樹皮にも亀裂が生じます。マイナス5℃が4～5時間以上続くと危険な状態になり、マイナス6℃が5時間以上続くと樹体も凍結し、枯死します（表2-4）。

表2－4　低温による果実障害と樹体被害

温度	持続時間	症状
－2℃	3～4時間	巻き葉
	5時間以上	樹上果実に凍害の危険
－3℃	1～2時間	果実に苦味、枝の先端部が枯死
	3～4時間	葉の一部が枯死、落葉軽微
	5時間以上	樹皮に亀裂
－4℃	1～2時間	落葉30～50%
－5℃	3～4時間	落葉70%以上
－6℃	5時間以上	全樹体が凍結（枯死）

凍害被害枝の再生処理

レモンは、ほかの柑橘類と比べて比較的再生力が強い品種です。樹勢が旺盛な若木であれば、枝の枯死程度なら再生させることができます。

切り口保護資材の使用例

再生処置としては、健全部分から1節戻って切り込み、切り口に癒合剤を、主枝・主幹には日焼け防止剤を塗布します。

この処置は、あまり早くおこなうと枯れ込みが進んでしまうため、春芽が0・5~1cm発芽伸長してからおこなうとよいでしょう。

老木の場合や、若木であっても再生不能と思われる場合は、思い切って植え替えます。

（榎屋勝士）

繁殖の考え方と苗木生産

主な繁殖方法

レモンは、実生《みしょう》、および挿し木、取り木、接ぎ木などによって繁殖させることができます。

実生法は、親と同じ性質を受け継ぐとはかぎらず、接ぎ木の台木に利用するか、育種が目的の場合を除き、通常はおこないません。

挿し木、取り木は、自根での栽培となるため、観賞用や試験材料などの用途向きです。接ぎ木は、もっとも効率的な繁殖方法で、レモンを含む柑橘類では、一般におこなわれています。

なお、登録品種を扱う場合は、自分で増やすことは種苗法で認められていますが（一部の果樹や品種を除く）、譲渡や販売は禁止されているので注意しましょう。

接ぎ木の種類

接ぎ木には、苗木づくりなどで、実生によって台木を育成して接ぎ木する方法と、品種の切り替えや果実を早くならせたい場合にすでに植栽している柑橘樹を中間台として接ぎ木する方法（高接ぎ）が一般におこなわれます。

台木の種類と育成

レモンを含む柑橘類は、自根で栽培するのではなく、樹勢や果実品質の適正化や病害対策として、台木を利用するのが一般的です。

カラタチ

日本のように比較的湿潤な気候に向くとされ、土壌病害に強く、果実品質がよくなります。各柑橘品種との親和性も高く、樹がコンパクトになる矮化性があり、国内の柑橘類では95%以上で使われているといわれています。

ヒリュウ（飛竜）

カラタチの品種の一つで、さらに矮化性の強い性質があり、樹勢が旺盛すぎる品種に利用されます。樹が大きくなりにくい環境下や、樹勢の弱い品種には不向きです。

カラタチ台木の育成

3月～4月上旬に、育苗箱や畑などに1～2㎝間隔で種をまきます。地温が15～18℃以上になると発芽してくるので、除草をおこない、土が乾かないようじゅうぶんに灌水します。乾燥防止と草の抑制を兼ねて、敷きわらも有効です。

1～2年育成し、幹の太さが鉛筆大の直径8㎜以上になれば、台木としての利用が可能です。

接ぎ木の方法

接ぎ木の適期

台木の樹液流動が比較的盛んで、充実した穂木（台木に接ぐ品種）が確保しやすい時期がよく、日本では切り接ぎに適した春と、芽接ぎに適した秋の2回あります。比較的成功率の高い春の切り接ぎを紹介します。

穂木の採取と貯蔵

穂木は2月下旬～3月の発芽前に採取します。

前年に伸びた充実した枝を選び、春に伸びた春枝か夏に伸びた夏枝で、直径5～8㎜が目安です。ひ弱な枝や伸長中の枝は、穂木に適しません。

採取した穂木は20～30㎝に切り分け、ポリ袋で包むなど乾燥を避け、直

穂木

くさび形に削る

図2－20　切り接ぎのポイント

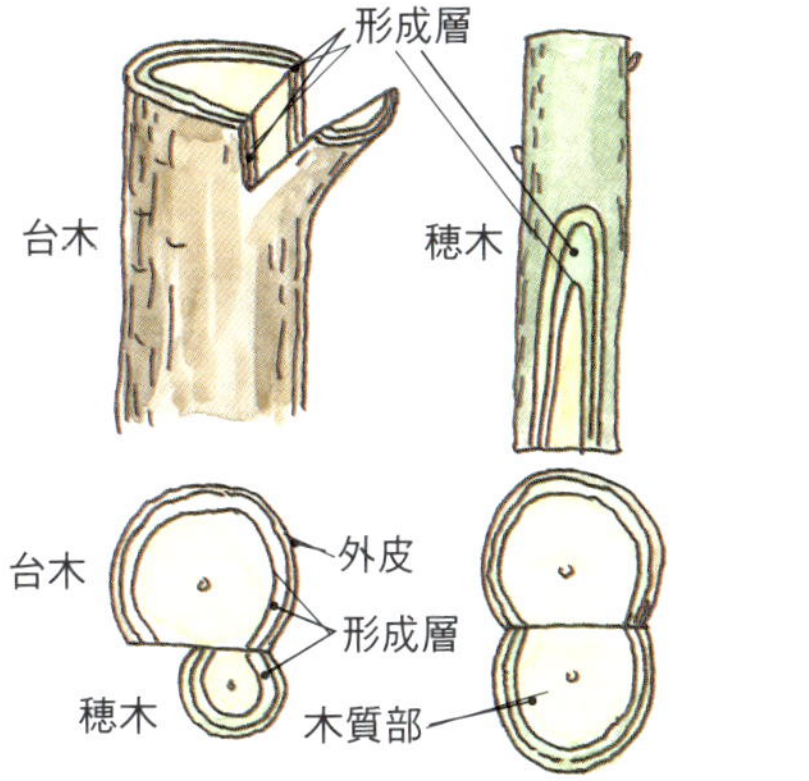

穂木が小さい場合、片側の形成層だけ台木の形成層に合わせる

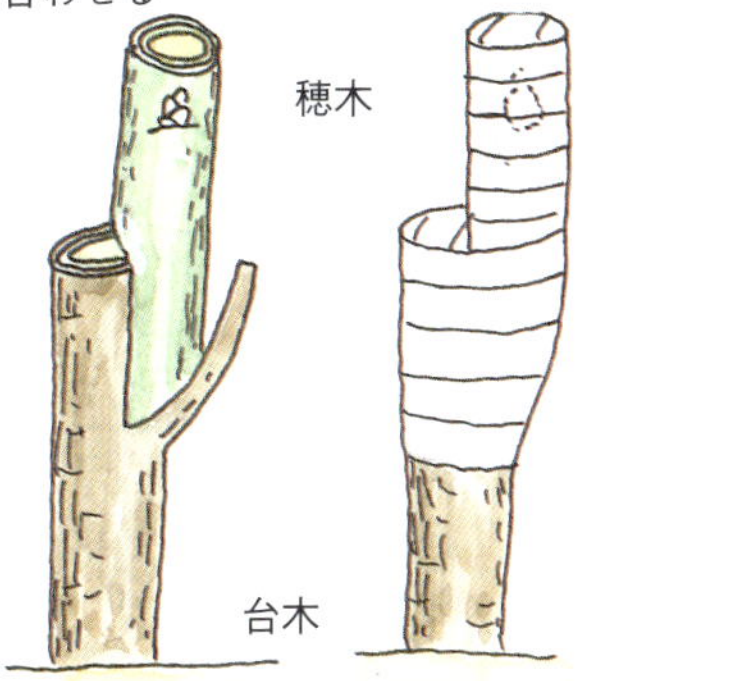

台木の切り込み部分に穂木を挿し込み、伸長性のあるテープで接ぎ木部を覆う

射日光の当たらない涼しい場所か冷蔵庫で保存します。ただし、湿りすぎもカビなどの原因となるので注意します。少数の穂木の場合、乾いてしまうので絞った水ゴケなどに包み、さらにポリ袋で包んで冷蔵庫で貯蔵します。

切り接ぎの手順

春の切り接ぎは、台木の新葉が2～3枚展開したころが適期で、4月～5月上旬となります（図2-20）。

❶穂木は、小刀などを用いて2芽程度になるように、片面を2～3cm程度に平らに薄くそいで形成層が見える状態にし、反対面から先端が30～40度の角度のくさび形になるように削って調整する。調整後は乾燥させずに、すぐに使用するのが基本だが、接ぎ木まで時間がかかる場合は、湿らせた脱脂綿に置くなどして乾燥を防ぐ

❷台木は、接ぎやすい位置（地際から4～8cm程度）に切り詰め、形成層が2本見えるように、穂木の長さに合わせて縦に薄く切り込みを入れる

❸穂木と台木の形成層どうしをしっかりと合わせる。穂木と台木にすきまができるようであれば、つくり直す

❹形成層どうしが合ったら、接ぎ木テープかビニールテープを用いて、穂木と台木が密着するよう、しっかり固定する

❺活着までに接ぎ木部が乾燥すると成功率が落ちるので、伸びるテープ（JAや一部のホームセンターなどで求められる。製品名メデールなど）か、ポリ袋で乾燥を防止する。土の表面が乾いたら、灌水をおこなう。ポリ袋を用いた場合は、萌芽後2週間程度経過してから外す

低い位置で高接ぎをする

高接ぎによる品種更新

苗木は大きくなるまで年数がかかるため、すでに栽培している柑橘樹に切り替えて、レモンの果実を早くならせたい場合は、古い柑橘樹を中間台として接ぎ木する高接ぎをおこないます。

1本の中間台に複数の品種を接ぐことも可能です。

中間台は、高い位置で切り詰めると樹高が高くなり、作業性も悪くなるため、80cm以下の低い位置とします。その場合、切り口が直径12cm以下の枝がよく、太すぎる老齢枝は成功率が悪くなります。接ぎ木に不向きな下方の枝は、2～3本を目安に残し、力枝《ちからえだ》（養分をとるための葉のついた枝）として利用します。

台木の枝が太い場合は、1枝につき、複数の穂木を接ぐことで、枝数の確保や成功率が低下した場合の対策が可能です。

（塩田俊）

施設栽培での生育と管理

施設栽培の目的

レモンは寒さに弱いため、最低気温がマイナスになると樹が枯れることがあります。とくに実が多くなっている状態で寒波に遭遇すると、大きな被害を受けます。

また、レモンはかいよう病が発生しやすく、病原菌は雨や強風などによって媒介されます。回避するには、施設栽培が適しています。

ハウスレモンの結実

加温栽培の設備と環境

施設で栽培すれば、寒波被害が回避できるわけではありません。外気温が下がれば下がるほど施設内の温度も下がり、施設外へ放熱が進みすぎて放射冷却してしまい、外気温よりも施設内の気温が低くなることもあります。それを回避するためには、施設内を暖房することが必要です。

露地よりも2～3か月早く開花させ、7～8月に果皮が緑色のグリーンレモンを収穫するさいは、施設内の最低気温を、冬場でも15℃くらいを維持できる能力を備えた加温機が必要になります。

しかし、専用の加温機の設置にはコストがかかります。施設内の気温をマイナスにしない程度の栽培を目的としている場合は、ビニールを2重被覆したり、ストーブなどを利用することも可能です。

加温設備を設置するさいは、周辺に可燃物がないように気をつける必要があります。

施設加温栽培のコツ

暖房のタイミング

露地よりも3か月程度、収穫を早める栽培をおこなうときは、12月から暖房を開始します。

そうすることで少しずつ花が咲きはじめます。病虫害防除や収穫など、短期間で効率よく作業をおこなうためには、2月ごろに施設内の最低温度を15℃程度にします。すると一気に花が咲きます。

ハウスの不完全花

ハウスの完全花

開花前の灌水が重要

レモンは、樹が弱ると不完全花（雌しべが未発達の花）が増え、花の数の割に結実しない現象がおきます。露地栽培でも花が咲く前に土壌が乾燥すると不完全花が増加し、収穫量に影響を及ぼすことから、施設栽培でも露地栽培同様、灌水が重要なポイントとなります。

また、雨が降らない施設栽培では、つねに水の確保が重要です。1週間から10日間隔で、たっぷり灌水可能なだけの水源を確保できることが、施設栽培を可能にする条件ともいえます。

生理落果

生理落果期は換気を徹底

開花が終わると、生理落果が始まります。この時期は外気温も上がることから、施設内の昼間の気温は30℃を超える日が増えてきます。気温が高いほど、落果が助長されます。とくに生理落果期は、施設内の気温が高くなりすぎないように換気を徹底します。

生理落果後は早めに摘果を

生理落果が終わる4月中旬ごろから摘果を開始します。2～4果程度の房なりの果実は、1果だけ残すように摘果します。とくに梅雨後半から気温が高くなりすぎることで肥大が鈍ります。早めに摘果を完了させるほうが、果実が大きくなり夏場に収穫が可能となります。

施肥の目安

成木で1樹当たりの収量60kgを目標に肥料を施用します。この目標だと1樹当たり年間に必要な窒素成分量は500gとなり、これを窒素、リン酸、カリの成分が8―6―6の配合肥料に換算すると、1年間に1樹当たり約6kgの肥料を施用することになります。それを露地栽培と同じように年間5回に分けて施用します。

レモンは苦土などの欠乏症が発生しやすいため、苦土資材の土壌施用だけにとどまらず、葉面散布で補います。また、施肥と併せて灌水もじゅうぶんにおこない、肥大促進をはかります。

施設加温栽培の課題

落葉を軽減させる工夫を

夏に収穫する場合は12月から加温を

開始しますが、加温を始めると落葉が始まります。落葉することは収量も下がることを意味するので、いかに落葉させないようにするかが、施設加温栽培での課題です。

現在は、根の量のわりに樹が大きい、そんなバランスを崩している状態になると落葉すると考えられています。そのため、落葉を軽減させるためには、大きな樹でも実をならせすぎて1本当たり60kg以上の収穫量とならないよう、摘果で調整したり、葉面散布と灌水などで対応します。

ハウス内の落ち葉

夏の果実肥大鈍化が顕著に

梅雨後半（7月中旬）から盆ごろ（8月中旬）の期間は、果実肥大が鈍ります。この時期は気温が極端に高くなり、昼温が上がらないように努めても限界があり、また、熱帯夜の続く年は、とくに肥大が鈍くなるために肥大を促すのに苦労します。

理想としては7~8月にハウスレモンの60%以上を収穫したいのですが、年によって30~40%程度しか出荷できていません。対策としては、生理落果中であっても摘果をし、初期肥大を促すしかありません。

捻枝し、樹勢をコントロール

夏の収穫はこはん症に注意

7月中は果皮に張りがあることから、収穫時の果実の取り扱いが煩雑だと、24時間も経過しないうちに果皮にこはん症（果皮が部分的にくぼみ、褐色状になる）が発生し、商品価値を下げます。とくにこの時期は、できるだけ果実に触る回数を減らし、果実に衝撃を与えないように注意しながら収穫をおこないます。

限られた空間での枝の配置

施設栽培では、限られた空間で枝を配置する必要があります。そのため、若木のときは、強勢の枝は捻枝（曲げる）し、樹勢をコントロールします。樹齢が進み、樹冠が拡大してくると、樹冠下部の枝は葉がなく、枯れもしない枝が増えるので、樹冠内部や下部へ光が入るように、枝の配置を考えながら間引き剪定をおこないます。

（糸曽尋人）

鉢・コンテナ栽培のポイント

準備する資材

鉢・コンテナ

レモンの栽培には、直径30㎝程度の鉢（10号鉢）がよいでしょう。

鉢には、素焼き鉢とプラスチック鉢があります。素焼き鉢は鉢の表面から水分が蒸発し鉢の土が過湿になるのを防止する利点がありますが、重たくて割れるという欠点があります。プラスチック鉢は軽くて丈夫だという利点がありますが、水が底からしか抜けず鉢の土が過湿になりやすいという欠点があります。

また、根が伸びて鉢に当たると、鉢の側面を這うように伸びて根鉢と呼ばれるとぐろを巻いたような状態になります。それを防ぐのがスリット鉢です。スリット鉢は、鉢底に伸びる根がとぐろを巻いたような状態にならず、根を鉢内に均等に伸ばすことができます。

鉢植えレモン

果樹用のスリット鉢

用土

柑橘類は、ほかの果樹に比べて水はけのよい土を好みます。培養土として、赤玉土の中粒にピートモスを容量比で30～50％程度混ぜたものを用意します。ピートモスの代わりに堆肥を混ぜてもよいでしょう。

堆肥は完熟した牛糞堆肥、バーク堆肥を使います。園芸用に調整されてホームセンターなどで売られている園芸用培養土を使う場合は、できるだけ水はけのよい重たい土を選びます。

赤玉土

園芸用培養土

肥料

肥料は、土にたいして根の量が多く

根傷みをおこしやすい鉢植えには窒素（N）―リン酸（P）―カリ（K）が8～10％程度の有機配合肥料がよいでしょう。ペレットになっているものが施用しやすく、便利です。

そのほか

鉢底に敷く軽石や、鉢底穴のある鉢では鉢底網を用意します。また、支柱も必要です。

苗木（ホームセンター）

バーク堆肥

培養土

鉢・コンテナへの植えつけ

植えつけの時期

地植えと同様、植えつけるには3～4月が最適です。できれば、この時期に苗木を購入しましょう。実つきの苗が出回る9月ごろでも植えつけることは可能ですが、秋～冬の植えつけは避けましょう。この時期に苗木が手に入った場合は、ポットのまま冬越しさせて、3～4月に植えつけるようにしましょう。

名札がついたものを求める

苗木選びと事前処理

苗木は主枝が太く、しっかりした苗木を選びます。

基本的な処理も、地植えの場合と同じですが、鉢植えの場合、苗木の根は鉢の深さの3分の2程度の長さまで切り戻しましょう。この根の切除が甘いと、その後の生長が鈍化します。

また、鉢植えは露地に比べると樹勢が弱くなりがちなので、1年生苗木のような1本の棒状の苗木の切り戻しは、地植えの場合（接ぎ木部から約40cmの長さ）よりは短く切り戻しましょう（図2-21）。

植えつけの手順

❶植えつけ前に、赤玉土とピートモスなどを混ぜて培土をつくる

❷穴に鉢底網を敷き（スリット鉢の場合は不要）、培土を15cm程度（鉢の深さの3分の1程度）入れ、苗木の接ぎ木部位が鉢の上端よりも高い位置に

なるように苗木をセットする。なお、低い場合は、鉢に培土を入れて高さを

図2－21　苗木の植えつけ方

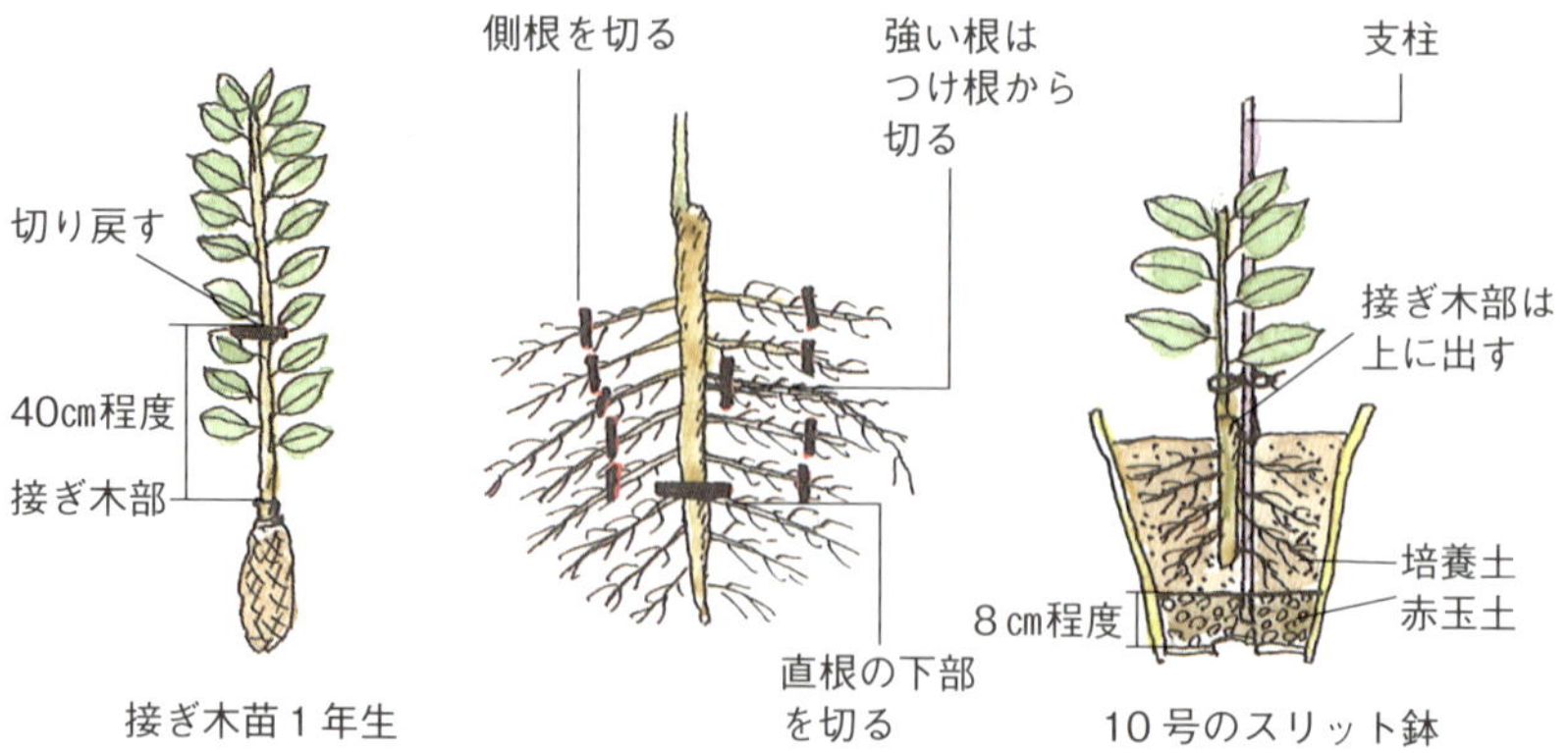

調節する

❸苗木の高さが決まったら、根を均等に広げながら培土を少しずつ入れる。灌水の水をためるウォータースペースをつくるため、培土は鉢の上端から３㎝程度下までにする

❹風で苗木がぐらつかないように支柱を立てて主枝を結束する

❺有機配合肥料を一握りまき、鉢底から水が流れ出すまでじゅうぶんな量を灌水する

日の当たる場所に置く

適切な置き場所

レモンは日当たりのよい、暖かいところを好みます。よく日の当たる場所に置きましょう。ベランダのような風の強い場所では、風当たりの弱い場所を選びます。

施肥と灌水の留意点

肥料不足に注意

柑橘類のなかでもとくに生育の旺盛なレモンは、それだけ多くの養分を必要とします。一般の家庭で育てられている鉢植えのレモンの多くで、肥料不

肥料不足の症状

足の症状が見られます。

秋が深まったころに葉が黄色くなってきたら、それは生長が旺盛な夏に土中の肥料成分を吸収しきってしまい、鉢の土が肥料切れになっています。そうなってしまうと、翌年に花がつきにくくなり、収穫も期待できません。

肥料不足で葉が黄色に

配合肥料を施す

たっぷりの水を間隔をあけて与える

施肥の時期と施肥量

窒素（N）―リン酸（P）―カリ（K）が8～10％程度の有機配合肥料を、3月上旬に春肥として25g程度、5月下旬と7月上旬に夏肥として25g、9月に秋肥として25g、10月下旬に晩秋肥として25gを施用します。

果実がたくさん結実するようになったら、それに応じて施用量も増やします。また、葉の色が悪くなったり、木の生育が弱ったりしているようなら、速効性の肥料で追肥をするとよいでしょう。

灌水を欠かさずに

鉢栽培は土の量が限られているため、栽培年数が増すごとに乾燥しやすくなってきます。レモンは比較的乾燥に強い果樹ですが、夏季の乾燥には注意が必要です。とくに地上部が大きな場合は、定期的に灌水する必要があります。

基本的には、1日1～2回、鉢の土の表面が乾いたら灌水するようにしましょう。

灌水のコツは、少ない量で頻繁にするのではなく、たっぷりな量を、間隔をあけてやることです。日ごろの灌水の方法で樹にも癖がつくので、乾燥に強い育て方を心がけましょう。1回の灌水量の目安は、ウォータースペースいっぱいに水がたまり、その水が鉢底から染み出る程度です。

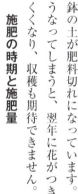

鉢植えの植え替え

鉢植えで栽培を続けると、根が巻いて樹の勢いが悪くなってきます。10号鉢に植えつけている場合は、2～3年ごとに植え替えが必要になります。また、施肥の効果が見られないような場合は、根が詰まりすぎて肥料がうまく吸収できなくなっている可能性があります。そんな状態が見られたら、やはり植え替えが必要です。

植え替えする場合は、本当は一回り大きな鉢に植え替えるのがよいのですが、大きな鉢へ植え替えられない場合は、詰まった根を20～30％程度切除し、新しい土を補充します。

また、土に垂直にドリルなどで数か所穴を開け、そこに培養土を詰め込む方法もあります。これでもじゅうぶん植え替えに匹敵するだけの新陳代謝がおこなわれます。鉢を置くスペースが限られている場合は、おすすめの方法です。

結実した鉢植え樹（ユーレカ）

結実管理のポイント

いつから結果か

鉢植え樹の結果時期は、仕立てる鉢の大きさや育った樹の大きさにもよりますが、1年生苗を植えつけた場合は3年目くらい、2年生苗では2年目くらいから少しずつ結果させます。

摘蕾（花）

鉢植え樹は早くから着花するので、結果させない場合は摘蕾（花）をします。結果させる場合と着花が多い場合、摘果より先に摘蕾（花）をします。

まず、不完全花を摘蕾（花）し、それでも多い場合は完全花も間引きます。不完全花は第1章などで解説しましたが、雌しべの発達していない花です。完全花も着果させたい数の3倍くらい残し、あとは摘花します。

なお、9月以降の遅い花は、すべて小さいうちに摘蕾（花）します。

摘蕾

不完全花の摘花

摘果

観賞するうえで、結果させたい位置を考えて摘果します。

図2－22　植えつけ後の剪定

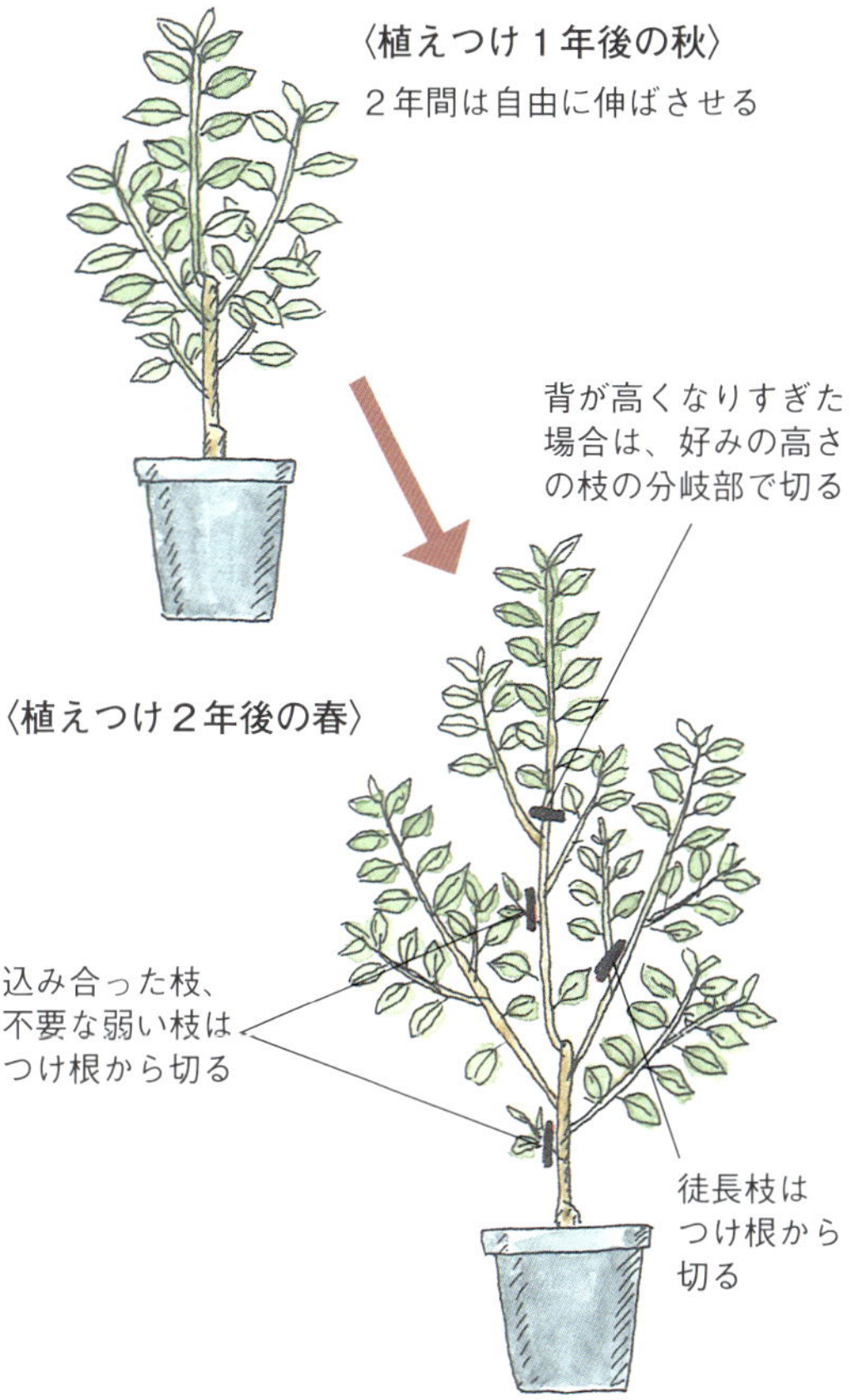
〈植えつけ1年後の秋〉
2年間は自由に伸ばさせる
背が高くなりすぎた場合は、好みの高さの枝の分岐部で切る
〈植えつけ2年後の春〉
込み合った枝、不要な弱い枝はつけ根から切る
徒長枝はつけ根から切る

幼果の生育

幼果が徐々に肥大

緑黄レモンに

整枝剪定と保護対策

整枝剪定と結実管理

鉢植えの整枝剪定や結実管理は、基本的には露地植えの場合と変わりません（図2‐22）。

鉢植えの保護対策

病虫害や気象災害などについても、基本的には露地植えの場合と変わりません。ただ、さまざまな対策をこまめにできるのが鉢植え栽培の魅力です。

病虫害対策　レモンの大敵である黒点病やかいよう病は、雨や風で媒介されます。あらかじめ強い雨風にさらされない場所に鉢を置くことが、これらの病気にたいする対策になります。

気象災害対策　冬季に寒風に当たると落葉するので、不織布を巻いたり、ビニールのあんどんで囲ってあげるとよいでしょう。寒い地域や低温注意報が出たときには室内に入れてください。

（大森直樹）

あると便利な道具・資材

主な作業ごとに便利な道具、資材などについて紹介します。

植えつけ

スコップ、支柱、ひも、ラベルまたはタグ、じょうろ、苦土石灰、完熟堆肥、溶成リン肥など

剪定

剪定ばさみ（刃渡りは大きいものより、ふつうの大きさがよい。手の大きさに合うはさみを選ぶ）、剪定用のこぎり（剪定ばさみで切れない太い枝を切るときに使う。扱いやすい大きさのものを選ぶ）、革手袋（レモンにはトゲがあるため剪定時は革手袋を利用する）、切り口の癒合を促進する殺菌剤（剪定時の切り口などに塗布すると、耐雨性の安定した殺菌保護被膜がすみやかにでき、木質部の亀裂、雨水や雑菌の侵入を防ぎ、新しい癒合組織の形成をいちじるしく促進し、病害の感染を防ぐ）

農薬散布

農薬散布器、農薬用マスク（薬剤を吸い込まないため）、帽子・防除衣・保護めがね・ゴム袋・長靴（皮膚の露出を防ぐため）

収穫

採果ばさみ（収穫する果実を傷めないように、はさみの先端に丸みがある採果用を選ぶ）、収穫用かご（レモンを傷つけないようにするため、かごのなかに緩衝材を利用する）

貯蔵

有孔ポリ袋（大袋）。短期貯蔵（1～3月）をおこなう場合、厚さ0・02㎜の有孔ポリの大袋に果実を入れ保管する。定期的な点検で腐敗果を取り除く。ポリ袋（小袋）。長期貯蔵をおこなう場合、共腐れや萎凋《いちょう》を防ぐため厚さ0・02㎜のポリ袋で個装する

（榎屋勝士）

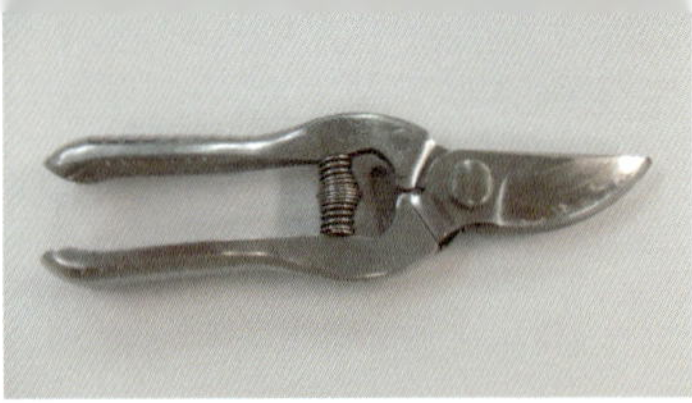
剪定ばさみ

革手袋

採果ばさみ

収穫用かご

第3章

レモンの成分と利用加工

果実をくし形とスライス状に

レモンの成分と機能性

香酸柑橘の代表格レモン。果皮、果肉などに含まれる機能性成分が注目されています（表3-1、図3-1）。

皮に多く含まれるビタミンC

レモンの機能性成分としてだれもが思い浮かべるのは、ビタミンCでしょう。ビタミンCの1日推奨摂取量は100mgですが、レモン全果100gには、それに相当する約100mgのビタミンCが含まれています。

レモンはビタミンCの宝庫

表3－1　果実の部位別成分含有量

成分＼部位	外果皮（フラベド）	中果皮（アルベド）	じょうのう膜	果肉
ビタミンC	33.8	22.5	—	33.8
クエン酸	68.7	369.3	—	5455.5
リモネン	3.2	ND	4.1	ND
ヘスペリジン	8.7	57.3	21.6	4.3
エリオシトリン	46.0	141.7	34.5	4.9

注：数値は mg（全果実 100g 当たり）、ND（検出限界以下）、—（未測定）

部位別で100g当たりのビタミンC含有量を見ると、果実の外側にある外果皮（フラベド）は約34mg、皮の内側の白い部分である中果皮（アルベド）は約23mg、果肉部は約34mgであり、意外にも皮のほうがビタミンCは多く含まれています。

コラーゲンの生成に必須　このビタミンCは、わたしたちの皮膚や血管、骨などに多く含まれ、身体や臓器を保つ役割を果たしているコラーゲンの生成に必要不可欠な成分です。そのためビタミンCには、美肌やアンチエイジング、傷の治りを早めるといった効能が知られています。

漫画『ワンピース』では、壊血病にかかった病人にライムの汁を飲ませるシーンがありましたが、壊血病は、ビタミンC不足によって血管が老化し、出血性の障害が体内の各器官で生じる病気です。

実際にも古くから、ビタミンCの宝庫であるレモンをはじめとする柑橘類は、新鮮な野菜や果物が不足する長期

図3−1　果実の機能性

からだによいレモン

健康的な生活習慣を築く

香り	リモネン	リラックス効果	レモンの香りでリラックス
ポリフェノール	ヘスペリジン	食事の脂肪が気になる方へ	脂っぽい食事もレモンの力でさっぱり食べやすくおいしく健康的に
	エリオシトリン	抗酸化成分	レモンには話題の抗酸化成分も含まれている
酸味（すっぱさ）	ビタミンC		
	クエン酸	仕事や勉強・運動後に	レモンのすっぱさで気分爽快、まだまだ元気でもうひとがんばり
		減塩効果	レモンの酸味でおいしく減塩
		キレート作用	Caなどのミネラルと相性がよい

注：瀬戸内広島レモンまつり（ひろしまブランドショップＴＡＵ）展示パネルの一部（ポッカサッポロフード＆ビバレッジ協力）をもとに作成

間の航海で問題となる壊血病の予防手段として利用されていました。

また、ビタミンCには、高い抗酸化機能も知られています。

果汁に含まれるクエン酸

レモンの特徴である酸味の主成分はクエン酸です。レモン全果100g当たりにクエン酸は約6g含まれていますが、これは、全食品のなかでもトップクラスの含有量です。ビタミンCと違い、クエン酸の9割以上は果肉部分に含まれています。

疲労回復に効果的　このクエン酸は、体内に取り入れた栄養素からエネルギーをつくりだす「TCAサイクル（クエン酸回路）」に欠かせない成分で、クエン酸をとると、体内でのエネルギーづくりが活発化し、疲労の軽減や疲労回復につながります。

アスリートフードとして、また登山の行動食としてレモンのハチミツ漬けがポピュラーですが、これはレモンのクエン酸と、エネルギーのもととなるハチミツの糖質を効率よくとることができる、理にかなったものなのです。

ミネラルを吸収しやすくする作用も　レモンのクエン酸には、血液サラサラ効果があることが知られています。

また、レモンのクエン酸には、体内に吸収されにくいミネラルを包み込んで水に溶けやすくし、吸収しやすくするキレート作用があります。

鉄分やカルシウムが不足すると、疲れやストレスがたまったり、骨密度が低くなり骨折のリスクが高くなったりしてしまいます。そうしたミネラル不足解消にも、クエン酸を多く含むレモンを食生活にとりいれることは有効なのです。

注目のエリオシトリン

近年、体内の活性酸素の発生を抑えて細胞の老化を防ぎ、病気への抵抗力を高めるポリフェノールの抗酸化作用が注目されています。

レモンに含まれるポリフェノールのなかでも、とくに注目されているのがエリオシトリンです。レモンは、ほかの柑橘類の数十倍のエリオシトリンを含んでおり、そのためにエリオシトリンはレモンポリフェノールとも呼ばれています。

エリオシトリンは、皮の内側の白い部分である中果皮（アルベド）に全体の約60％、外果皮（フラベド）も合わせると70～80％存在し、果肉部分には10％程度しか含まれていません。

機能性成分が果皮、果肉に含まれる

抗酸化作用やメタボ予防にも レモンの食品としての機能性は、抗酸化作用に注目したビタミンCの研究が古くから報告されていますが、２０００年以降は、エリオシトリンの強力な抗酸化作用や、血液サラサラ効果が報告されるようになっています。

また、近年の研究から、エリオシトリンには食事から体内に取り込まれた脂肪の吸収を抑制し体外へ排出、血液中の中性脂肪の増加を抑える効果があることがわかってきました。レモンを食生活に取り入れることで、メタボリックシンドロームや脂肪肝などの予防効果も期待できます。

じつは食物繊維も多い

あまり知られていませんが、じつはレモンには食物繊維もたっぷりと含まれています。

レモンの可食部１００gあたりの食物繊維は４・９gであり、ハッサクの１・９g、また温州ミカンの１・５gと比較しても、かなり多いことがわかります。

精油は香気成分の宝庫

レモンの精油（植物が産出する揮発性の油：エッセンシャルオイル）には、60種類以上の成分が含まれていると考えられています。

まさにレモンの精油は、香気成分の宝庫。なかでもよく知られているのが、レモンを語源としているリモネンです。食品や飲料、医薬品や洗剤などの香料や天然物由来の溶剤としても、よく利用されています。

（矢中規之）

レモンの生かし方・楽しみ方

丸ごと活用の国産レモン

国内のレモンの生産量が増大し、また貯蔵・包装技術の開発などが進んできたことによって、1年をとおして国産レモンが求めやすくなっています。

レモン生産に携わる方々はもちろん、一般消費者であっても、果皮、果肉、果汁を丸ごと活用する場合、できるだけカビ防止剤や燻蒸《くんじょう》処理などの心配のない果実を使うようにします。

レモンは食卓の名脇役

味を引き締める名脇役

香りがよいレモンには、まわりをすがすがしくする力があります。

レモンのスライスを添えるレモンティーは古くからの定番飲み物ですが、周年咲きの花も香りがよいので、摘み取って紅茶に浮かべたりするのも乙なものです。ちなみに花はサラダに加えたりしてエディブルフラワー（食用花）としても楽しめます。

レモンは食材としてめったに主役になることはありませんが、果皮、果肉、果汁は古くから味を引き締める名脇役として重宝されてきています。さわやかで繊細な風味を日々、存分に生かしたいものです。なお、レモンマーマレードとレモンカードは、干野《ほしの》隆芳さん（アヲハタ）の提供レシピをもとにしています。

レモンマーマレード

マーマレードとは、一般に柑橘類の果実を原料とし、果皮が認められるジャムのこと。レモンをミキサーにかけたりして下処理（**図３－２**）をして使うことによって、市販のオレンジマーマレードなどとはひと味もふた味も違う香り、味わいを堪能できます。

材料

レモン3個…約360g（生スライス外皮100g、生果汁150g）
砂糖…600g（レモンの重量の約6割）

つくり方

❶果実の両端を庖丁で切り落として縦に4分割し、種を取り除いて外皮と果肉の部分に切り分ける
❷果肉をそのままミキサーにかけて

図３－２　果実の下処理

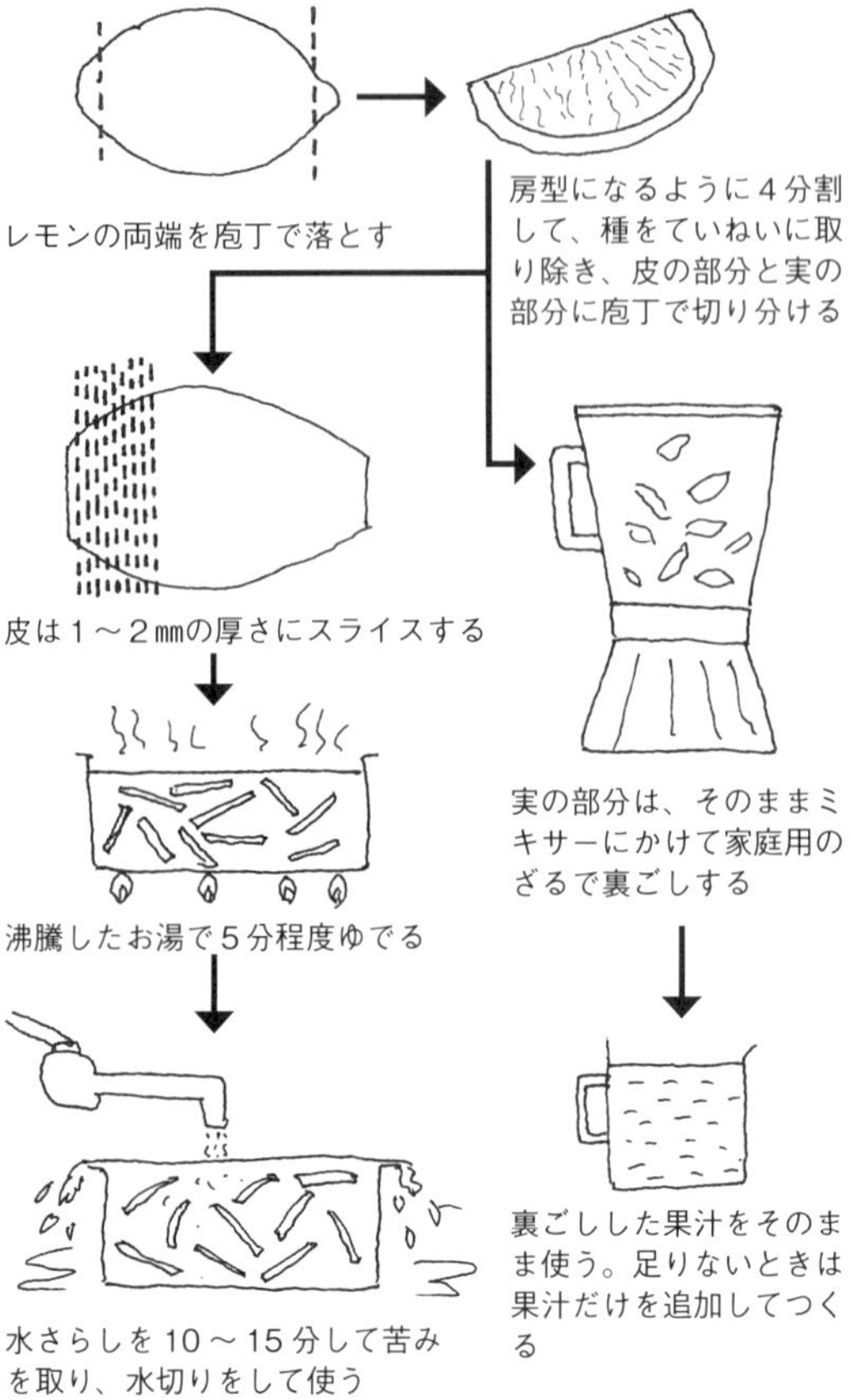
レモンの両端を庖丁で落とす
房型になるように４分割して、種をていねいに取り除き、皮の部分と実の部分に庖丁で切り分ける
皮は１～２㎜の厚さにスライスする
沸騰したお湯で５分程度ゆでる
水さらしを10～15分して苦みを取り、水切りをして使う
実の部分は、そのままミキサーにかけて家庭用のざるで裏ごしする
裏ごしした果汁をそのまま使う。足りないときは果汁だけを追加してつくる

レモンマーマレード

ざるなどで裏ごしし、生果汁にする

❸外皮を1～2㎜の厚さにスライスし、沸騰水で5分ほどゆでる

❹③を10～15分流水にさらし、ほぼ苦みを取って水切りをしたあと、ホウロウ鍋（もしくは土鍋）に入れ、200㎖の水と生果汁を加え、火にかける

❺沸騰し、外皮が軟らかくなったら砂糖を半量ずつ2回に分けて加え、全体がとろりとしてくるまで木べらで混ぜて焦がさないように煮詰める

ひとロメモ

できあがりの量は1000g、糖度は62度が目安です。

ジャム、マーマレードづくりの砂糖は、純度の高いグラニュー糖が色もつやもきれいに仕上がります。しかし、好みによって黒砂糖、ハチミツなどを使ってもかまいません。

保存のときは、マーマレードを熱いうちに沸騰消毒した保存瓶に口元すれすれまで入れてキャップをし、逆さまにして中身が冷めるまで置きます。

長期保存の場合も、マーマレードを熱いうちに煮沸消毒した保存瓶に入れてキャップをし、瓶ごと強火で20～30分沸騰させて煮たあと、ぬるま湯でいったん冷まし、その後、水道水を当てて冷ますようにします。

塩漬けレモン

一時期「塩レモン」がブームになりましたが、これには、レモン栽培が盛んな中近東、欧米などでも塩漬けレモンとしてつくられてきた、古くからの歴史があります。手軽につくることができ、どの料理への使い勝手もよく、あると便利な万能調味料です。

材料

レモン3個…約350g　レモン果汁…20〜30cc　塩100〜140g（レモン重量の30〜40％）

塩漬けレモンは万能調味料

つくり方

❶レモンを洗ってふき、へたと果頂の両側を切り落とし、くし形に6等分する

❷①とは別のレモンで果汁を搾る（果皮は使ってもよい）

❸瓶の底に塩を敷き、①を入れ塩を加えることを交互に繰り返す

❹レモン汁を加え、ふたを閉める。冷暗所で保管し、ときどき瓶をふり、塩と汁がまんべんなくいきわたるようにする（2〜3週でできあがり）

瓶に入れておくと使い勝手がよい

ひと口メモ

果実はどんな切り方でもよいが、くし形にしておくと千切り、みじん切りなどさまざまなかたちで応用できます。

生レモンを塩で漬け込むことで酸味が和らぎ、旨味が加わるようになります。サラダやパスタに加えたり、肉・魚介・野菜料理などに生かしたり、しょうゆ・ソース・みそなどに加えたりして食卓をひきたたせることができます。

レモンカード

レモン果汁にバター、卵などを加えてなじませ、濃厚でリッチな味わいにしたのがレモンカード。ジャムのようにパンやビスケットに塗ったり、タルトやケーキに生かしたりします。

材料

生果汁（マーマレードのときと同じ方法でつくったもの）…200g　レモン果汁…100g　無塩バター…150g　卵黄…150g　砂糖…50

0g

つくり方

❶バターを湯煎して溶かし、解きほぐした卵黄をバターに入れて混ぜ合わせる

❷生果汁に砂糖を加えて煮込み、①を加えながら弱火でとろみがつくまで木べらでかき混ぜながら煮詰める

❸レモン果汁を加えて味を整え、沸騰させてできあがり

ひと口メモ

できあがりの量は1000g、糖度は65度が目安です。

保存のさいは熱いうちに煮沸消毒した保存瓶に口元すれすれまで入れ、キャップをして密閉。レモンマーマレードと同様に沸騰させて、冷まします。

重宝するハチミツ漬けレモン

ハチミツ漬けレモン

酸味、苦みの強いレモンをハチミツ漬けにし、酸味、苦みを和らげ、甘酸っぱくした逸品です。そのままお茶請けにしてもよいし、肉や魚の下味つけにも生かせます。また、疲労回復にうってつけなので、スポーツや登山などのお供にもピッタリです。

材料

レモン1個…約120g　ハチミツ…大さじ3〜5杯

つくり方

❶レモンを洗って水気を切り、へたと果頂の両側を切り落とし、5㎜ほどの厚さのスライスに切る

❷保存容器に①を入れ、スライス全体が浸るくらいまでハチミツを加える

❸冷蔵庫に入れ、一晩置いて仕上げる（冷蔵庫で保存し、1〜2週間以内に使い切る）

ひと口メモ

いれたての紅茶にハチミツ漬けレモン1枚を入れると、砂糖を加える必要もなく、そのまま至福のレモンティーになります。生レモンがない場合に重宝します。

レモネード

レモンのさわやかな香り、酸味が楽しめるジュースです。レモンの収穫期、品種などによって酸味、色、香りが違いますが、ビタミンCたっぷりのヘルシードリンクです。

材料

レモン汁1カップ…225㎖　砂糖1カップ…200g　水3カップ…675㎖

つくり方

❶レモンを切り、果汁を搾る

❷鍋に水2カップと砂糖、果汁を入れて火にかける。80℃くらいになり、

砂糖が溶けたら、火を止めて冷ます

❸瓶に密封して保存する。飲むときは冷水で2～3倍に薄めるとよい

ひとロメモ

果汁は煮たてすぎると香りがなくなるので、沸騰させないようにします。できあがったジュースを少量ずつジッパーつきの保存袋に入れ、冷凍しておくと便利です。冷水を熱湯に替えればホットレモネードになります。

レモネードはヘルシードリンク

レモン酒

レモン酒は、レモンの酸味をまろやかに仕上げ、酸味と香りをみごとに調和させたドリンクです。新陳代謝、疲労回復、健胃整腸などにも効果があるとされています。

材料

レモン6個…約700g　氷砂糖…300～400g　ホワイトリカー…1ℓ

つくり方

❶レモンを二つ割り（または木綿針で7～8か所に刺し傷をつける）にし、皮のついたもの、皮をむいたものの半々にする

❷広口瓶に①と氷砂糖を交互に入れ、ホワイトリカーを注ぎ入れる

❸冷暗所に置く。熟成するまでには3か月以上かかる。果実は2か月で引き上げる

ひとロメモ

レモン酒にはウメ酒同様ホワイトリカー（35度の焼酎）を用いますが、ウイスキーや各種焼酎を用いると、また違った風味を楽しむことができます。

加工製品例

生レモンしぼり

レモン入りケーキ

ハチミツ入りレモン

加工製品いろいろ

広島県をはじめとするレモン主産地では、JAなどが中心となって果実を生かした調味料、飲料などの製品を開発。また、ポッカサッポロフード&ビバレッジと提携したりして、防腐剤を使用せず果皮も丸ごと利用できるヘルシー果実として国産レモンの魅力を打ち出しています。

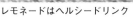

収穫期の果実（ビラフランカ）

香酸柑橘レモンの魅力～あとがきに代えて～

常緑低木でビタミンCを多く含むレモン。酸味と香りを生かした利用も多いことから、経済栽培の伸長に加え、庭先栽培でも親しまれはじめています。生理、生態などを知り、日々観察しながら上手に育てて香酸柑橘レモンを楽しみたいものです。

レモンは、柑橘系のなかでももっとも多くのビタミンCを含むため、ビタミンCの代名詞のような存在ですが、このレモンの機能性が最近脚光を浴びています。レモンパックなどの美肌効果が知られていますが、ほかにも免疫力を高める効果、疲労回復効果、ストレスを和らげる効果に加え、高血圧を予防する効果があることもわかってきました。

実際に栽培するうえでもレモンの有利性は際だっています。通常どの果物でも収穫期間は約1か月というのがふつうで、それを過ぎると品質の劣化を招きますが、レモンは10月から5月の初めまで、寒波にさえあわなければ、7か月以上にわたって収穫することができます。しかも、10～11月のグリーンレモン、11～12月のグリーンとイエローがまだらになった状態のレモン、それ以降のイエローレモンと、収穫の時期によってさまざまな顔を見せてくれるレモンを楽しむことができます。

1年をとおして果実や花、枝葉などレモンがどのように変貌するかは、栽培をされてからのお楽しみです。編纂の出だしにかかわった者としての思いですが、読者のみなさんに本書をとおして、レモンに秘められた価値と魅力、さらに産地のたゆまぬ努力の一端を知っていただければ幸甚《こうじん》です。

前・JA広島ゆたか組合長　横本 正樹

周年供給態勢の確立へ

編纂・発刊にあたっての謝辞

近年、国産レモンへの関心が高まり、需要も着実に伸びています。レモン主産地としても栽培指導などで増産態勢を万全にしたり、貯蔵・包装技術を開発することにより、1年をとおして市場に出荷できるように努めているところです。

レモンの価値や魅力を知ってもらうためには、産地の取り組みを実際に確かめていただくのがなによりです。しかし、条件が適するのであれば自宅の庭先や畑の片隅などに植栽してみるのも一つの方法です。鉢・コンテナで栽培することも可能です。育てる楽しみ、愛でる楽しみ、味わう楽しみなどがもたらされることでしょう。

さて本書の編纂・発刊にあたり、2年余りにわたってじつに多くの方々のお力添えを得ることができました。監修・執筆の果樹園芸研究家（元・東京農業大学果樹学研究室）の大坪孝之氏はもとより、広島県立総合技術研究所農業技術センターの赤阪信二、塩田俊、竹岡賢二、川崎陽一郎、金好純子の各氏、広島大学大学院の細野賢治、矢中規之の両氏、広島修道大学の矢野泉氏、果樹園芸研究家（山陽農園）の大森直樹氏、JA広島ゆたかのスタッフ（JA広島果実連から出向の技術員を含む）のみなさんに謝意を表します。

また、取材・撮影・写真・資料提供などでお世話になった農研機構柑橘研究興津拠点、広島県西部農業技術指導所、JA広島果実連などをはじめとする関係機関、団体、さらに出版・編集関係の方々にお礼申し上げます。

JA広島ゆたか組合長　金子 仁

矢中規之（やなか　のりゆき）
広島大学大学院生物圏科学研究科准教授

矢野　泉（やの　いずみ）
広島修道大学商学部教授

山根和貴（やまね　かずき）
JA広島ゆたか営農販売部部長

横本正樹（よこもと　まさき）
神峰園代表（前・JA広島ゆたか代表理事組合長）

◆主な参考引用文献

『レモンの歴史』トビー・ゾンネマン著、高尾菜つこ訳（原書房）
『レモン～良質多収の国産栽培～』明地柑尚著（農文協）
『レモン栽培の一年』広島県農業技術センター果樹研究所監修（JA広島果実連）
『黄金の世界戦略～サンキストの100年～』若林秀泰著（家の光協会）
『ドキュメント　日米レモン戦争』守誠著（家の光協会）
『日本果物史年表』梶浦一郎著（養賢堂）
『家庭で楽しむ果樹づくり』大坪孝之著（家の光協会）
『よくわかる栽培12か月 柑橘』根角博久著（NHK出版）
『よくわかる栽培12か月 レモン』三輪正幸著（NHK出版）
『図説 果物の大図鑑』日本果樹種苗協会ほか監修（マイナビ出版）
『果物学～果物のなる樹のツリーウォッチング～』八田洋章・大村三男編著（東海大学出版会）
『日本柑橘図譜 上巻』田中諭一郎著（養賢堂）
『柑橘の品種』岩政正夫著（静岡県柑橘連）
『果樹園芸各論 下巻』黒上泰治著（養賢堂）
『農業技術大系 果樹編Ⅰ カンキツ』（農文協）
「レモン（Citrus limon）特有のフラボノイドに関する研究」山本涼平 平成27年県立広島大学博士論文
『The Citrus Industry Volume I（1967）』Revised Edition University of California Division of Agricultural Sciences
広島県HP『瀬戸内広島レモンレシピ40選』http://www.pref.hiroshima.lg.jp/kouhou/lemon/

◆執筆者一覧

●五十音順、敬称略（＊印は監修者）、所属、役職は2018年7月現在

赤阪信二（あかさか　しんじ）
広島県立総合技術研究所農業技術センター果樹研究部部長

糸曽尋人（いとそ　ひろと）
JA広島ゆたか営農販売部（JA広島果実連より出向）

榎屋勝士（えのきや　かつし）
JA広島ゆたか営農販売部（JA広島果実連より出向）

大坪孝之（おおつぼ　たかゆき）＊
果樹園芸研究家（前・東京農業大学果樹学研究室助教授）

大森直樹（おおもり　なおき）
果樹園芸研究家、山陽農園代表

小川哲也（おがわ　てつや）
JA広島ゆたか営農販売部（JA広島果実連より出向）

金子　仁（かねこ　ひとし）
JA広島ゆたか代表理事組合長

金好純子（かねよし　じゅんこ）
広島県立総合技術研究所農業技術センター果樹研究部総括研究員

川崎陽一郎（かわさき　よういちろう）
広島県立総合技術研究所農業技術センター果樹研究部総括研究員

塩田　俊（しおた　たかし）
広島県立総合技術研究所農業技術センター果樹研究部主任研究員

竹岡賢二（たけおか　けんじ）
広島県立総合技術研究所農業技術センター果樹研究部主任研究員

細野賢治（ほその　けんじ）
広島大学大学院生物圏科学研究科准教授

適地適産で生産量を伸ばす

見直される国産レモン

●

デザイン――――塩原陽子　ビレッジ・ハウス
撮影――――三宅 岳　蜂谷秀人　ほか
イラスト――――宍田利孝
取材・写真協力――――大坪孝之　大森直樹　秋成 昇　脇 義富
JA 広島ゆたか　JA 広島果実連
広島県立総合技術研究所農業技術センター果樹研究部
広島県西部農業技術指導所　広島県農林水産局
農研機構柑橘研究興津拠点（吉岡照高）
神奈川県農業技術センター足柄地区事務所研究課(二村友彬)
東京都島しょ農林水産総合センター八丈事務所（菊地豊）
千野隆芳（アヲハタ）　ポッカサッポロフード&ビバレッジ
ひろしまブランドショップ TAU　山下惣一　西尾敏彦
細見彰洋　ほか
編集協力――――村田 央
校正――――吉田 仁

監修者プロフィール

●大坪孝之（おおつぼ たかゆき）

果樹園芸研究家。元・東京農業大学果樹学研究室助教授。農学博士。

広島県生まれ。長年、東京農業大学果樹学研究室にて果樹全般にわたり、栽培研究・指導にあたる。NHKテレビ番組『趣味の園芸』や東京農業大学グリーンアカデミーなどで果樹の講師を務める。日本梅の会会長。自宅の庭先や管理を受け持つ近くの果樹園でレモン、ミカン、オリーブ、ウメなどを栽培。果樹栽培についてのわかりやすい解説、指導には定評があり、各方面からの講演・指導要請が多い。

主な著書に『育てて楽しむウメ　栽培・利用加工』（創森社）、『おいしく実る家庭で楽しむ果樹づくり』（家の光協会）など。

編者プロフィール

● JA 広島ゆたか

瀬戸内海に浮かぶ大崎上島、大崎下島、豊島を管内（行政区分は呉市の一部と大崎上島町にまたがる）にしている。豊田郡大長村（現、呉市豊町大長）での1898年（明治31年）の試植が、広島県のレモン栽培のはじまりとされる。現在、供給を伸ばしている国産レモンの６割余りを広島県産が占めるが、管内はビラフランカ種を主力にした一大レモン産地となっており、生果、果汁製品などを出荷している。

JA広島ゆたか営農販売部
〒734-0301　広島県呉市豊町大長5915-27
TEL 0823-66-2013　FAX 0823-66-2088

育《そだ》てて楽《たの》しむレモン　栽培《さいばい》・利用加工《りようかこう》

2018年８月17日　第１刷発行
2022年６月14日　第３刷発行

監　　修――大坪孝之《おおつぼたかゆき》

発 行 者――相場博也

発 行 所――株式会社 創森社
〒162-0805 東京都新宿区矢来町96-4
TEL 03-5228-2270　FAX 03-5228-2410
http://www.soshinsha-pub.com
振替00160-7-770406

組　　版――有限会社 天龍社

印刷製本――中央精版印刷株式会社

 ISBN978-4-88340-326-4 C0061

〝食・農・環境・社会一般〟の本

創森社 〒162-0805 東京都新宿区矢来町96-4
TEL 03-5228-2270 FAX 03-5228-2410
http://www.soshinsha-pub.com
＊表示の本体価格に消費税が加わります

- 農福一体のソーシャルファーム 新井利昌 著 Ａ５判１６０頁１８００円
- 西川綾子の花ぐらし 西川綾子 著 四六判２３６頁１４００円
- 解読 花壇綱目 青木宏一郎 著 Ａ５判１３２頁２２００円
- ブルーベリー栽培事典 玉田孝人 著 Ａ５判３８４頁２８００円
- 育てて楽しむ スモモ 栽培・利用加工 新谷勝広 著 Ａ５判１００頁１４００円
- 育てて楽しむ キウイフルーツ 村上 覚 ほか 著 Ａ５判１３２頁１５００円
- ブドウ品種総図鑑 植原宣紘 編著 Ａ５判２１６頁２８００円
- 育てて楽しむ レモン 栽培・利用加工 大坪孝之 監修 Ａ５判１０６頁１４００円
- 未来を耕す農的社会 蔦谷栄一 著 Ａ５判２８０頁１８００円
- 農の生け花とともに 小宮満子 著 Ａ５判８４頁１４００円
- 育てて楽しむ サクランボ 栽培・利用加工 富田 晃 著 Ａ５判１００頁１４００円
- 炭やき教本～簡単窯から本格窯まで～ 恩方一村逸品研究所 編 Ａ５判１７６頁２０００円
- 九十歳 野菜技術士の軌跡と残照 板木利隆 著 四六判２９２頁１８００円
- エコロジー炭暮らし術 炭文化研究所 編 Ａ５判１４４頁１６００円
- 図解 巣箱のつくり方かけ方 飯田知彦 著 Ａ５判１１２頁１４００円
- とっておき手づくり果実酒 大和富美子 著 Ａ５判１３２頁１３００円
- 分かち合う農業ＣＳＡ 波夛野 豪・唐崎卓也 編著 Ａ５判２８０頁２２００円
- 虫への祈り―虫塚・社寺巡礼 柏田雄三 著 四六判３０８頁２０００円
- 新しい小農～その歩み・営み・強み～ 小農学会 編著 Ａ５判１８８頁２０００円
- とっておき手づくりジャム 池宮理久 著 Ａ５判１１６頁１３００円
- 無塩の養生食 境野米子 著 Ａ５判１２０頁１３００円
- 図解 よくわかるナシ栽培 川瀬信三 著 Ａ５判１８４頁２０００円
- 鉢で育てるブルーベリー 玉田孝人 著 Ａ５判１１４頁１３００円
- 日本ワインの夜明け～葡萄酒造りを拓く～ 仲田道弘 著 Ａ５判２３２頁２２００円
- 自然農を生きる 沖津一陽 著 Ａ５判２４８頁２０００円
- シャインマスカットの栽培技術 山田昌彦 編 Ａ５判２２６頁２５００円
- 農の同時代史 岸 康彦 著 四六判２５６頁２０００円
- ブドウ樹の生理と剪定方法 シカバック 著 Ｂ５判１１２頁２６００円
- 食料・農業の深層と針路 鈴木宣弘 著 Ａ５判１８４頁１８００円
- 医・食・農は微生物が支える 幕内秀夫・姫野祐子 著 Ａ５判１６４頁１６００円
- 農の明日へ 山下惣一 著 四六判２６６頁１６００円
- ブドウの鉢植え栽培 大森直樹 編 Ａ５判１００頁１４００円
- 食と農のつれづれ草 岸 康彦 著 四六判２８４頁１８００円
- 半農半Ｘ～これまで・これから～ 塩見直紀 ほか 編 Ａ５判２８８頁２２００円
- 醸造用ブドウ栽培の手引き 日本ブドウ・ワイン学会 監修 Ａ５判２０６頁２４００円